rowohlts monographien

HERAUSGEGEBEN
VON
KURT KUSENBERG

WERNER HEISENBERG

IN
SELBSTZEUGNISSEN
UND
BILDDOKUMENTEN

DARGESTELLT
VON
ARMIN HERMANN

ROWOHLT

Dieser Band wurde eigens für «rowohlts monographien» geschrieben
Den Anhang besorgte der Autor
Herausgeber: Kurt Kusenberg · Redaktion: Beate Möhring
Umschlagentwurf: Werner Rebhuhn
Vorderseite: Werner Heisenberg
(Foto W. Ernst Böhm, Ludwigshafen)
Rückseite: Aus der Mikrowelt der Elementarteilchen
(DESY, Deutsches Elektronen-Synchroton, Hamburg)

Veröffentlicht im Rowohlt Taschenbuch Verlag GmbH,
Reinbek bei Hamburg, Mai 1976
© Rowohlt Taschenbuch Verlag GmbH, Reinbek bei Hamburg, 1976
Alle Rechte an dieser Ausgabe vorbehalten
Gesetzt aus der Linotype-Aldus-Buchschrift
und der Palatino (D. Stempel AG)
Gesamtherstellung Clausen & Bosse, Leck/Schleswig
Printed in Germany
680-ISBN 3 499 50240 2

INHALT

Werner Heisenberg

Wie viele «richtige» Münchener ist auch Werner Heisenberg nicht in München geboren, aber hier ist er aufgewachsen, und hier haben sich schon seine Eltern zu Hause gefühlt. Die Bindung an die Stadt spielte in seinem Leben eine große Rolle und oft hat er, in privaten Gesprächen und in Briefen, von seiner Liebe zu München gesprochen. *Von meiner Heimatstadt bin ich wieder vollständig begeistert: der dunkelblaue Himmel und die Menschen, von denen sich keiner um den anderen kümmert und mit denen allen man doch ungefähr auf «Du» steht, das gefällt mir schon sehr. Gestern hörte ich die Beethovensche IX. Sinfonie, so schön, wie man's eben auch nur hier hören kann (nicht wegen der Qualität der Musiker, sondern der der Zuhörer).*[1]*

So schrieb der Dreiundzwanzigjährige nach der Rückkehr von seinem ersten Auslandsaufenthalt, erfüllt noch von den Erlebnissen der Reise und der geistigen Bereicherung, aber auch im Gefühl des Glücks, wieder einige Wochen im Elternhaus und in München verleben zu können. Und der Sechzigjährige sagt bei der von der Stadt für ihn veranstalteten Geburtstagsfeier: *Wer die zwanziger Jahre nicht in München erlebt hat, weiß überhaupt nicht, wie schön das Leben sein kann.*

Schon Heisenbergs Vater, ein gebürtiger Westfale, hatte während des Studiums an der Ludwig-Maximilians-Universität die Stadt liebgewonnen. August Heisenberg war dann als Gymnasiallehrer in den bayerischen Staatsdienst getreten und hatte sich von München nach Würzburg versetzen lassen, um sich zu habilitieren. Im gleichen Jahr noch, am 5. Dezember 1901, wurde sein zweiter Sohn Werner geboren.

Im Januar 1910 erhielt August Heisenberg einen Ruf an die Universität München, auf den einzigen ordentlichen Lehrstuhl für mittel- und neugriechische Philologie in Deutschland, und durch ihn gewann das nach der Hörerzahl kleine Fach hohe Anerkennung und Beachtung. Um Byzanz, «das christlich gewordene Römerreich griechischer Nation», wirklich zu verstehen, muß sich nach seiner Meinung der Forscher der historischen, der kunsthistorischen und der philologischen Methode gleicherweise bedienen, weil erst die Beschäftigung mit allen Lebensäußerungen ein zutreffendes Bild ergibt.

August Heisenberg wird uns geschildert[2] als ein Mann mit erstaunlicher Schaffenskraft, von «glücklicher innerer Begeisterung» und «unverwüstlichem Optimismus» – Eigenschaften, die wir bei dem Sohn wiederfinden. Als entschiedener Gegner einer zu weit getriebenen Spezialisierung erreichte August Heisenberg seine besten Resultate durch die Zusammenfassung aller Einzelaspekte. Eine ähnliche und womöglich noch stärkere Fähigkeit zur Zusammenschau finden wir bei Werner Heisenberg. «Er hat einen Blick für das Wesentliche, belastet und zersplittert sich nie mit Einzelheiten», so hieß es schon über den zehnjährigen Schüler am Königlichen Maximiliansgymnasium: «Die Denkoperatio-

---

* Die hochgestellten Ziffern verweisen auf die Anmerkungen S. 131 f.

nen vollziehen sich namentlich bei grammatischen und rechnerischen Fragen rasch und meist ohne Irrtum. Spontaner Fleiß, großes Interesse, das der Sache auf den Grund geht, und Ehrgeiz.»[3]

Der junge Heisenberg muß seine Lehrer tief beeindruckt haben; immer wieder ist von seiner Begabung und von seinem Ehrgeiz die Rede: «Er hat seine trefflichen Leistungen mit spielender Leichtigkeit erzielt; sie haben ihn keine Kraftanstrengung gekostet... Der Schüler ist auch ordentlich selbstbewußt und möchte immer glänzen.»[4]

Der starke Ehrgeiz war auch später für Heisenberg charakteristisch. Als er schon in Leipzig Professor war und die begabtesten jungen Physiker aus der ganzen Welt zu ihm kamen, gab es nie einen Zweifel, daß er ihnen allen an Tiefe und Schnelligkeit des Denkens überlegen war. Aber auch im Schachspiel war er der beste und im Skifahren – nur nicht im Tischtennis. Dann ging er 1929 in die USA; an der Universität Chicago hielt er Vorlesungen, die kurz darauf als *Die physikalischen Prinzipien der Quantentheorie* publiziert wurden. Die Reise führte auf dem Hinweg über den Atlantik, auf dem Rückweg über den Pazifik und Indischen Ozean, und die lange Zeit an Bord hat er zum harten Training im Tischtennis genutzt. So gab es auch hier für die Mitarbeiter keine Aussicht mehr, Heisenberg zu besiegen. Er war dabei aber völlig frei von Überheblichkeit. Er bildete sich «nichts darauf ein». Die Freunde charakterisieren seinen Ehrgeiz deshalb als «agonal», also sportlich.

Mit der Physik hat sich Heisenberg schon in den ersten Schuljahren beschäftigt, als das Fach noch gar nicht unterrichtet wurde. In der Quar-

Drei Generationen Heisenberg: Am Steuer der Vater August Heisenberg, daneben Werner und Erwin. Im Fond die Großeltern

ta werden die «beachtenswerten physikalischen Kenntnisse» hervorgehoben: «Er zeigt in der Wiedergabe dieser Kenntnisse eine erstaunliche Sicherheit.»[5]

Eine Offenbarung war es für ihn, *daß die Mathematik auf die Dinge unserer Erfahrung paßt; eine Erkenntnis, die, wie ich in der Schule erfuhr, schon von den Griechen, von Pythagoras und Euklid, gewonnen worden war. Ich probierte, zunächst angeregt durch die Stunden bei Herrn Wolff, die Verwendung der Mathematik selbst aus, und ich empfand dieses Spielen zwischen Mathematik und unmittelbarer Anschauung als mindestens ebenso amüsant wie die meisten anderen Spiele. Später genügte mir das Feld der Geometrie nicht mehr als Bereich für das mathematische Spiel, an dem ich so viel Freude hatte. Ich erfuhr durch irgendwelche Bücher, daß man in der Physik auch dem Verhalten meiner zusammengebastelten Apparate mit Mathematik nachgehen könnte, und ich fing nun an, aus Göschen-Bändchen und ähnlichen etwas primitiven Lehrbüchern die Mathematik zu lernen, die man zur Beschreibung der physikalischen Gesetze braucht . . .*[6] Meine Eltern hatten eine gute Bekannte, ein junges Mädchen von etwa 24. Sie war Chemikerin und wollte ihre Doktorprüfung machen, bei der sie auch in Mathematik geprüft werden sollte. Dazu brauchte sie die Differential- und

9

Platon. Marmorbüste

*Integralrechnung, und sie fragte mich, ob ich ihr Stunden geben könn-
te. Damals war ich 16 oder 17. So gab ich ihr regelmäßig Stunden, ich
glaube etwa drei Monate hindurch. Und in dieser Zeit, ich weiß nicht,
ob sie es lernte, aber ich lernte es.*[7]

Im Frühjahr 1918 wurden die Sechzehnjährigen zum Kriegshilfsdienst
eingezogen. Heisenberg kam mit anderen nach Miesbach, auf den Großthalerhof. *Ich erinnere mich noch, daß ich Kants Kritik der reinen Ver-
nunft dabeihatte ... Ich entdeckte sehr bald, daß, wenn man den ganzen Tag auf einem Hof arbeitet, man am Abend nichts anderes tun kann
als schlafen ... Alles in allem glaube ich, daß diese Zeit für meine Erziehung sehr wichtig war, denn auf einem Bauernhof, da lernt man, was
wirkliche Arbeit ist. Es ist nicht wie in der Schule, wo man meint, es*

kommt nicht so darauf an. Auf dem Hof mußten wir am Morgen um halb vier aufstehen, und . . . oft arbeiteten wir bis 10 Uhr abends. Es war wirklich eine schwere Arbeit und eine sehr gute Übung für einen jungen Menschen. So kam ich nicht sehr weit mit meinen Kant-Studien.[8]

Im November 1918 ging der mörderische Krieg zu Ende. In München wurde zunächst Kurt Eisner Ministerpräsident. Nach seiner Ermordung am 21. Februar 1919 kam es innerhalb weniger Wochen mehrmals zu einem Machtwechsel und bürgerkriegsähnlichen Unruhen. Für die Schüler des Maximiliansgymnasiums war das ein interessantes Räuber- und Polizistenspiel. Sie wirkten als stadtkundige Ordonnanzen bei einem Freikorps, das mit anderen Truppen einen Einschließungsring um München bildete. *Es war damals, im Juni 1919, ein warmer Sommer, und besonders am frühen Morgen gab es so gut wie keinen Dienst. So kam es, daß ich mich häufig kurz nach Sonnenaufgang auf das Dach des Priesterseminars zurückzog und mit irgendeinem Buch in die Dachrinne legte, um mich von der Sonne wärmen zu lassen . . . Bei einer solchen Gelegenheit kam ich auch einmal auf den Gedanken, mir einen Band Plato mit auf die Dachrinne zu nehmen . . . und ich geriet bei dem Wunsch, etwas anderes zu lesen als das, was im Schulunterricht drankam, mit meinen relativ bescheidenen griechischen Kenntnissen an den Dialog «Timaios», in dem ich zum erstenmal wirklich etwas aus erster Quelle von der griechischen Atomphilosophie erfuhr.*[9]

Während seines Lebens hat Heisenberg viele geistige Anregungen verarbeitet, aber wohl nichts hat ihn stärker geprägt als die Platonische Philosophie. Besonders deutlich tritt das beim Spätwerk, der *Einheitlichen Theorie der Materie*, hervor. Seine neue «Weltformel» hat Heisenberg zum erstenmal einem größeren Kreis von Wissenschaftlern am 25. April 1958 vorgelegt, zur Feier des 100. Geburtstags von Max Planck, der selbst ein Platoniker gewesen war. In seiner Festrede ließ Heisenberg keinen Zweifel, daß er seine Theorie als die konsequente Fortsetzung der Platonischen Philosophie in die Physik des 20. Jahrhunderts betrachtet: *Das systematische Denken der griechischen Naturphilosophen von Thales bis Demokrit hatte schließlich zur Frage nach den kleinsten Teilen der Materie geführt . . . Die Atome waren nach Demokrit das schlechthin Gegebene, sie waren unteilbar, unveränderlich, das eigentlich Seiende, aus dem alles zu erklären war, das aber selbst keiner Erklärung mehr bedurfte. Auch Plato hat wesentliche Elemente der Atomlehre übernommen. Den vier Elementen: Erde, Wasser, Luft und Feuer, entsprechen bei ihm vier Sorten kleinster Teilchen. Diese Elementarteilchen sind nach Plato mathematische Grundgebilde von hoher Symmetrie . . . Aber diese Elementarteilchen sind bei Plato nicht unteilbar. Sie können in Dreiecke zerlegt und aus Dreiecken wieder aufgebaut werden . . . Die Dreiecke selbst sind nicht Materie, sie sind nur noch mathematische Form. Bei Plato ist also das Elementarteilchen nicht das schlechthin Gegebene, Unveränderliche und Unteilbare; es bedarf noch einer Erklärung, und die Frage nach dem Warum der Elementarteilchen wird von Plato auf Mathematik zurückgeführt . . . Die letzte Wurzel der Erscheinungen ist also nicht die Materie, sondern das mathematische Gesetz, die Symmetrie, die mathematische Form.*[10]

Das stärkste Erlebnis in jener ereignisreichen Zeit war das Leben in der Gemeinschaft von Gleichaltrigen. Wie auf dem Großthalerhof in Miesbach hatten sich überall Gruppen von jungen Menschen zusammengefunden. Während die Erwachsenen heillos zerstritten waren, fühlten sie sich kameradschaftlich verbunden.

Weil sie nicht nur bei ihren Wanderfahrten, sondern auch für das Leben den richtigen Weg finden wollten, nannten sie sich Pfadfinder. *Wir schlafen, wenn es warm genug ist, einfach im Wald unter freiem Himmel, häufiger im Zelt, und wenn das Wetter zu schlecht wird, auch bei Bauern im Heu. Manchmal helfen wir, um uns ein solches Quartier zu verdienen, den Bauern bei der Ernte und ... es kann passieren, daß wir dafür herrlich viel zu essen bekommen. Sonst kochen wir aber selbst, meist am Lagerfeuer im Wald, und abends werden im Schein des Feuers Geschichten vorgelesen, oder es wird gesungen und musiziert.*[11]

Nach den Kriegs- und Revolutionswirren begann am 15. September 1919 wieder der geregelte Schulbetrieb. In der IX A lasen die Oberprimaner nun Homer, Sophokles und von Platon die «Apologie» und Stücke aus «Symposion» und «Phaidon». Endlich hatten sie ihr eigenes Schulgebäude in der Morawitzkystraße wieder; fünf Jahre lang war das Gymnasium Kaserne und Lazarett gewesen.[12]

Im deutschen Schulaufsatz wurde einmal das Thema gestellt: «Was können wir zum Wiederaufbau Deutschlands beitragen?» Es ist nicht mehr festzustellen, wie damals der Oberprimaner diese Frage beantwortete. Für jedermann sichtbar dagegen ist, was ein Vierteljahrhundert später der große Physiker in vergleichbarer Situation geleistet hat. Beim Wiederaufbau der deutschen Wissenschaft nach dem Zweiten Weltkrieg sollte er eine führende Rolle spielen. Die Prinzipien, nach denen sich Heisenberg dabei leiten ließ, waren – neben den späteren, vor allem im Dritten Reich gewonnenen Lebenserfahrungen – geprägt vom Einfluß des humanistischen Gymnasiums. Immer zeigte er Verständnis auch für die Belange der Geisteswissenschaften. Als etwa die Physiker für ihre Großbeschleuniger mehr und mehr Geld forderten, um in der Kenntnis der Elementarteilchen voranzukommen (deren Eigenschaften Heisenberg selbst brennend interessierten), betonte er, daß neben der physikalischen Forschung die anderen Fächer, insbesondere die im Schatten stehenden Geisteswissenschaften, nicht vernachlässigt werden dürften.

Im Abiturzeugnis wurden seine Kenntnisse in allen Fächern (Religion, Latein, Griechisch, Französisch, Mathematik, Physik, Geschichte, Turnen) mit «sehr gut» bewertet; die einzige Ausnahme war Deutsch mit «gut». Der Aufsatz war «eine reichhaltige, flüssig geschriebene, in der Beweisführung freilich nicht immer ganz gelungene Leistung». Was ihm hier womöglich noch mangelte, hat er im Laufe des Lebens nachgeholt. Seine in zwei Bänden gesammelten Aufsätze und Reden zeigen Meisterschaft auch auf diesem Gebiet.

Von seiner Schule wurde Heisenberg für das Maximilianeum vorgeschlagen. Zur Förderung der Höchstbegabten hatte König Max II. schon 1852 diese Stiftung gegründet. Seitdem werden Jahr für Jahr aus dem

Vor dem Großthalerhof in Miesbach. Werner Heisenberg: dritter von links.
Ganz links der Freund (und spätere Augenarzt) Carl Zenker

Kreis der besten Abiturienten Bayerns die allerbesten durch eine sehr
strenge Auslese bestimmt. Die mündliche Prüfung am 7. Juli 1920 lieferte in der «Mathematik und Physik geradezu glänzende Proben von
der hervorragenden und seltenen Begabung. Der Fachlehrer hatte ihm
besonders schwierige Aufgaben vorgelegt, bei deren Lösung er zeigen
konnte, daß er mit seinen selbständigen Arbeiten weit über die Anforderungen der Schule hinausgekommen ist.»[13]

Trotz des vorzüglichen Eindrucks wurde in der Gesamtleistung der
Mitschüler Anton Scherer (später Ordinarius für Vergleichende Sprach-
wissenschaft) noch vor Heisenberg gesetzt. Schließlich erreichten aber
beide die Aufnahme in das Maximilianeum. Für Heisenberg sprach, daß
er sich «dem Studium der Mathematik widmen» wollte, und der Prü-
fungskommissar «mit Sicherheit» erwartete, daß «er auf diesem Gebiete einmal Vorzügliches leisten» würde.

Das größte Privileg war freie Kost und Logis im Gebäude der Stiftung,
dem Maximilianeum in München. Weil aber Heisenbergs Eltern in der
Äußeren Hohenzollernstraße lebten und er deshalb als Student zu Hause wohnen bleiben konnte, hat er auf dieses Anrecht verzichtet. Heisenberg wird aber trotzdem, wie in solchen Fällen üblich, zum Kreis der
«Maximilianeer» gezählt.[14]

Die Ludwig-Maximilians-Universität München

Das Studium an der Universität München begann mit einer Enttäuschung. Ein Vorgespräch mit dem berühmten Ferdinand Lindemann, das ihm den Zugang zum mathematischen Seminar öffnen sollte, endete mit der apodiktischen Feststellung des Professors, Heisenberg sei durch seine bisherige Lektüre, insbesondere durch das Buch von Hermann Weyl über «Raum–Zeit–Materie», für die Mathematik «schon verdorben». So ging Heisenberg auf den Rat seines Vaters zu Arnold Sommerfeld, und diese Begegnung entschied über sein Leben. Sommerfeld vertrat an der Universität München die theoretische Physik. Dieses Fach nannte man von früher her noch «mathematische Physik», weil hier mit mathematischen Methoden physikalische Probleme behandelt wurden.

Durch die Relativitätstheorie und die Ansätze zur Quantentheorie war die theoretische Physik auf dem Wege zum eigentlichen Kern- und Grundlagenfach der ganzen Naturwissenschaft. Die bisherige Physik, die «klassische», wie man bald sagte, konnte nur noch als eine höchst vorläufige Formulierung gelten. Nach der festen Überzeugung der Jüngeren war jetzt die Zeit nicht mehr fern, in der man in das eigentliche

Wesen der Natur eindringen würde, um das zu erfassen, was «die Welt im Innersten zusammenhält».

Ein entscheidender Durchbruch war dabei im Jahre 1913 Niels Bohr gelungen. Mit der von Max Planck entdeckten Naturkonstanten h als dem Schlüssel zum Verständnis des Mikrokosmos «Atom» hatte er – in intuitiver Erfassung der Natur – seine beiden Quantenpostulate formuliert. Es war dann Sommerfeld gewesen, der am ersten und entschiedensten die neuen Gedanken des jungen dänischen Forschers aufgegriffen und zum «Bohr-Sommerfeldschen Atommodell» ausgebaut hatte. Sommerfelds 1919 in erster Auflage erschienenes Buch «Atombau und Spektrallinien» wurde die Grundlage aller weiteren Forschung auf diesem Gebiet; es war, wie seine Studenten sagten, die «Bibel der Atomphysik».

Noch mehr als durch seine wissenschaftlichen Leistungen hatte sich Sommerfeld durch seine erfolgreiche akademische Lehrtätigkeit einen Namen geschaffen. Durch den ihm eigentümlichen dialogischen Arbeitsstil stand er in ständigem Gedankenaustausch mit dem Kreis von ergebenen Mitarbeitern. «Was ich an Ihnen besonders bewundere», schrieb Einstein damals an Sommerfeld, «das ist, daß Sie eine so große Zahl junger Talente wie aus dem Boden gestampft haben. Das ist etwas ganz Einzigartiges. Sie müssen eine Gabe haben, die Geister Ihrer Hörer zu veredeln und zu aktivieren.»[15]

Tatsächlich verstand Sommerfeld es in bewundernswerter Weise, das Genie Heisenbergs zu «aktivieren». Schon im ersten Semester konfrontierte er Heisenberg mit einem Problem, das dieser selbständig bearbeiten durfte. *Sommerfeld gab mir die experimentellen Werte des anomalen Zeeman-Effektes... Nach sehr kurzer Zeit, ich glaube eine oder zwei Wochen, ging ich wieder zu Sommerfeld und hatte das vollständige Termschema. Ich kam mit einem Ergebnis, das ich fast nicht vorzulegen wagte, und er war ganz schockiert. Ich sagte: «Die Sache funktioniert nur, wenn man halbe Quantenzahlen verwendet.» Damals hatte noch nie jemand von halben Quantenzahlen gesprochen; die Quantenzahl war eine ganze Zahl. «Das muß falsch sein», sagte er: «Das ist völlig ausgeschlossen. Das Einzige, was wir in der Quantentheorie wissen, ist, daß man es mit ganzen Zahlen und nicht halben zu tun hat.»*[16]

Die «ganzen Zahlen» waren mehr noch als ein Spezifikum der Quantentheorie so etwas wie ein persönliches Glaubensbekenntnis Sommerfelds. Nun wollte der junge Heisenberg gleich in seinem ersten Semester die ganzen Zahlen abschaffen. *Es gab eine lange Diskussion, ob man halbe Quantenzahlen zulassen dürfe oder nicht, aber schließlich wurde Übereinstimmung erzielt, daß die halben Quantenzahlen wahrscheinlich richtig waren.*[17]

So kam Heisenberg zur Physik. Während andere, ebenfalls Begabte, erst mehrere Jahre Studium hinter sich bringen müssen, ehe sie sich der eigenen Forschung zuwenden können, hat Heisenberg sogleich ein Problem an der vordersten Front der Wissenschaft in Angriff genommen und auf Anhieb gelöst. Vom ersten Tag des Studiums an wurde Heisenberg mit dem Geist der langsam entstehenden Quantentheorie vertraut. Für die ältere Generation von Physikern – wozu etwa Hendrik Antoon Lorentz und Max Planck gehörten – erwies sich die Verwurzelung in der klassischen Physik als das stärkste Hemmnis. Heisenberg blieben viele der Skrupel erspart, mit denen sich Lorentz und Planck quälten. Was diesen noch als ungeheuerlich erscheinen mochte, war für Heisenberg von Anfang an selbstverständlich. So schuf er sich das Rüstzeug für die Vollendung der Quantentheorie, die Planck mit seinem Ansatz von 1900 begründet hatte.

Während der junge Heisenberg bereits erfolgreich auf dem Gebiet der modernsten Atomphysik tätig war, eignete er sich gleichzeitig einen umfangreichen Wissensstoff an; in dem Buch von Weyl hatte er gelesen, daß man sich als Forscher in der theoretischen Physik einen «Holzstoß von Formeln» errichten müsse: «Wenn der Blitz des Gedankens niederfährt, wird er ihn entzünden zu einem Feuer, das ringsum das Land erleuchtet, und nicht in einem trüben Sumpf vager, gestaltloser Vorstellungen verzischen.»[18]

Im ersten Semester hörte er mit 80 anderen Studenten bei Sommerfeld «Mechanik» und absolvierte die Übungen. Nach der Vorlesung traf man sich im Seminarraum des Instituts. *Offensichtlich kamen gerade die, die wirklich wissenschaftlich interessiert waren und selbständig arbeiten wollten, um vielleicht später eine Doktorarbeit zu machen. Wenn man ins Institut kam, so waren vielleicht schon fünf oder sechs Leute da, die Lehrbücher studierten, und am Pult saß ein Assistent. In meinen ersten Semestern war das Gregor Wentzel. Wolfgang Pauli war eine Art Hilfsassistent. Wir saßen dann im Seminarraum, und wenn man eine Frage hatte, konnte man zu den Assistenten gehen und fragen. Auf diese Weise begannen die Diskussionen mit Pauli.*[19]

Es war ein Glücksfall, daß Heisenberg fast vom ersten Tag des Studiums an in Wolfgang Pauli einen fast gleichaltrigen und kongenialen Freund gefunden hatte, dessen physikalisches Denken dem seinen nahe verwandt war, dessen betonte und später sprichwörtlich gewordene wissenschaftliche Skepsis aber sozusagen die komplementäre Ergänzung zur stärkeren Phantasie Heisenbergs bildete. *Er hat in der ganzen späteren Zeit, solange er lebte, für mich und für das, was ich wissenschaftlich versuchte, die Rolle des stets willkommenen, wenn auch sehr scharfen Kritikers und Freundes gespielt.*[20]

Pauli war mit einer fertigen Arbeit über die Allgemeine Relativitätstheorie, die sofort Aufmerksamkeit und Bewunderung erregte, und im «vollen Besitz der mathematischen und mathematisch-physikalischen Methoden», wie Sommerfeld staunend registrierte, nach München gekommen. Eineinhalb Jahre älter als Heisenberg war Pauli in den ersten Wochen der Mentor, der ihn mit freundschaftlichen (geistigen) Rippenstößen auf die richtige Bahn bugsierte. *Ich weiß nicht, wie oft er mir gesagt hat: «Du bist ein Dummkopf» und ähnliches in dieser Art. Das hat mir viel geholfen. So waren wir immer sehr gute Freunde und haben nie übelgenommen, wenn wir einander kritisierten.*[21]

Die geistige Heimat aller Sommerfeld-Schüler war der Seminarraum im Institut. *Dieser war eine Art von Marktplatz, auf dem Ansichten über die allerneueste Entwicklung in der Physik ausgetauscht wurden. Man erhielt den Eindruck, daß da etwas Aufregendes und Interessantes*

Arnold Sommerfeld

im Gange war ... Da kam einer und sagte: «Haben Sie schon das neueste Heft der Physikalischen Zeitschrift gesehen? Da ist ein Aufsatz von
———» Sehr häufig, wenn jemand etwas Neues wußte, etwa von Bohr
aus Kopenhagen, dann standen alle um die Tafel herum. Pauli wurde gefragt, was er davon hielte; er legte es dann an der Tafel dar, aber andere
unterbrachen ihn, und so ging es weiter. So versuchten wir, uns gemeinsam eine Meinung zu bilden.[22]

Sommerfeld hatte sehr entschiedene Ansichten darüber, was seine
jungen Leute tun und was sie nicht tun sollten. So sah er es auch nicht
gern, daß Heisenberg Schach spielte. Er sagte: «Sie sollten nicht mit
Schachspielen Ihre Zeit vertun. Wenn Sie sich geistig betätigen wollen,

Wolfgang Pauli

dann machen Sie besser Physik, und wenn Sie sich erholen wollen, können Sie Skifahren gehen.» Er war ein Geheimrat im alten Stil mit sehr
entschiedenen Ansichten über Moral, Politik, Benehmen und so weiter.
Pauli pflegte von ihm zu sagen: «Er sieht aus wie ein alter Husarenoberst.» Er hatte den Schnurrbart, eine starke Persönlichkeit und entschiedene Ansichten.[23]

Im zweiten Studiensemester, im Sommer 1921, hörte Heisenberg bei
Sommerfeld die Vorlesung über «Hydrodynamik, Elastizität etc.», der
er die Anregung zu seiner ersten wissenschaftlichen Veröffentlichung
über *Die absoluten Dimensionen der Kármánschen Wirbelbewegung*

verdankt. Sommerfeld war von den Ergebnissen so angetan, daß er Heisenberg veranlaßte, neben der Quantentheorie auch dieses Thema weiterzuverfolgen. *Ich hatte bis jetzt an meinem Vortrag für die Hydrodynamiker-Tagung in Innsbruck zu tun,* berichtete er einmal an Alfred Landé, *und kann erst jetzt wieder mit Atomphysik anfangen.*[24]

Es war wahrscheinlich im Sommersemester 1921, in dem Pauli und Heisenberg (ohne viel Lust) die «Physikalischen Übungen» bei Wilhelm Wien absolvierten. Dabei mußten sie einmal die Tonhöhe einer Stimmgabel bestimmen. Statt sich an den Versuch zu setzen, unterhielten sie sich lieber über Atomphysik. Plötzlich bemerkte Pauli, daß die Zeit schon fast abgelaufen war. Die Rettung war das absolute Gehör Heisenbergs. Er tippte auf ein eingestrichenes C, und Pauli rechnete dafür 128 Hertz aus. Es stimmte![25]

Nur zwei Semester haben Pauli und Heisenberg gemeinsam als Studenten verbracht; schon im Juli 1921 promovierte Pauli an der Universität München mit «summa cum laude». Er ging dann nach Göttingen und später nach Hamburg.

Pauli und Heisenberg standen aber auch weiterhin im Gedankenaustausch; sie trafen sich mehrmals im Jahr und korrespondierten fast regelmäßig. In dem heute vorliegenden Briefwechsel zwischen den beiden Gelehrten[26], der 1921 beginnt und erst mit Paulis Tod Ende 1958 abbricht, sind fast alle erkenntnistheoretisch und mathematisch relevanten Probleme der modernen Physik behandelt; man sieht bei Pauli und Heisenberg den bekannten Ausspruch Adolf von Harnacks bestätigt, daß die theoretischen Physiker die wahren Philosophen des 20. Jahrhunderts sind.

Sommerfeld freilich war kein Philosoph. An Einstein schrieb er 1922: «Ich kann nur die Technik der Quanten fördern, Sie müssen ihre Philosophie machen.» So hat auch Heisenberg die Philosophie nicht in München lernen können. Das war erst später bei Bohr in Kopenhagen möglich. In seinen ersten Jahren als Physiker haben ihm *formale mathematische Gesichtspunkte, in einem gewissen Sinne also ästhetische Kriterien*[27], viel näher gelegen als physikalische oder philosophische.

Nach der Veröffentlichung über ein hydrodynamisches Thema verfaßte der Einundzwanzigjährige zwei wissenschaftliche Abhandlungen aus dem Gebiet der Atomphysik, davon eine zusammen mit Sommerfeld. *Ich schicke Ihnen hiermit meinen Zeeman-Braten mit Quantensoße,* schrieb er am 6. März 1922 an Pauli. Von älteren Studenten wurde Heisenberg damals gefragt, warum er denn seine Arbeiten über den Zeeman-Effekt nicht als Dissertation verwende, und er mußte antworten: *Ich habe noch keine sechs Semester.*[28] Das war die in der Promotionsordnung vorgeschriebene Mindeststudienzeit.

Für den Atomphysiker waren die wesentlichsten wissenschaftlichen Ereignisse des Jahres 1922 die sogenannten «Bohr-Festspiele» im Juni, ein Zyklus von Vorträgen über Quantentheorie der Atome und das Periodensystem der Elemente, die Bohr in Göttingen hielt. Von weit her reisten die Physiker nach Göttingen. Aus Hamburg kamen Lenz und Pauli, aus Kopenhagen Oskar Klein und Wilhelm Oseen und aus München natürlich Arnold Sommerfeld – und Werner Heisenberg. *Der er-*

«Bohr-Festspiele». Göttingen, Juni 1922. Von links: Oseen, Bohr, Franck, Oskar Klein; vorn sitzend: Born

ste Eindruck des Menschen Bohr ist mir noch ganz deutlich in der Erinnerung. Voll jugendlicher Spannung, aber doch etwas verlegen und schüchtern, den Kopf ein wenig zur Seite geneigt, stand der dänische Physiker auf dem hellen Podium des Hörsaals, in den durch die weitgeöffneten Fenster das volle Licht des Göttinger Sommers hereinströmte. Seine Sätze kamen etwas stockend und leise, aber hinter jedem der sorgfältig gewählten Worte wurde eine lange Kette von Gedanken spürbar, die sich irgendwo im Hintergrund einer mich sehr erregenden philosophischen Haltung verlor.[29]

An die Vorträge schlossen sich intensive Diskussionen an, und dabei wagte Heisenberg einen Einwand gegen Bohr. In dem sich nun entwickelnden Dialog hat sich «der blonde Jüngling aus München» tapfer verteidigt; «wir staunten ihn an»[30], berichtete Friedrich Hund, der hier zum erstenmal seinem späteren Freund begegnete.

Nach dem Ende der Diskussion sprach Bohr mich an und schlug einen gemeinsamen Spaziergang zu zweit auf den Göttinger Hainberg vor ... Diese Unterredung, die uns kreuz und quer über die bewaldeten Höhen des Hainbergs führte, war das erste intensive Gespräch über die physikalischen und philosophischen Grundfragen der modernen Atomtheorie, an das ich mich erinnern kann; und es hat meinen späteren Lebensweg entscheidend mitbestimmt. Ich verstand zum erstenmal, daß Bohr seiner eigenen Theorie viel skeptischer gegenüberstand als manche andere Physiker jener Zeit, z. B. Sommerfeld, und daß die Kenntnis der Zusammenhänge für ihn nicht aus einer mathematischen Analyse der zugrunde gelegten Annahmen entsprang, sondern aus einer intensiven Beschäftigung mit den Phänomenen, die es ihm ermöglichte, die Zusammenhänge mehr intuitiv zu erfühlen als abzuleiten. So also entsteht Naturerkenntnis, und erst im zweiten Schritt kann es gelingen, das Erkannte mathematisch zu präzisieren und der vollen rationalen Analyse zugänglich zu machen.[31]

Heisenberg war von dem Menschen und dem Physiker Bohr fasziniert. Aber auch der zwanzigjährige Heisenberg hatte auf den großen dänischen Gelehrten einen tiefen Eindruck gemacht. Nach der Rückkehr von dem Spaziergang auf dem Hainberg sagte Bohr zu seinen Freunden: «Er versteht alles!»

Für die beiden Göttinger Wochen, in denen Bohr am Montag, Dienstag und Mittwoch zur Seminarzeit seine Vorträge hielt, hatten sich Bohr, Oseen und Klein in einer Göttinger Pension am Stadtrand eingemietet. «Eines Abends kamen Franck, Courant und Born zu uns heraus», berichtete Klein, «und Bohr sprach den ganzen Abend über seine allgemeinen Ideen über die Quantentheorie. Dann gab es Kaffee. Es war noch nicht lange nach dem Krieg, und Kaffee war eine Seltenheit. Am nächsten Morgen beklagten sich die Deutschen, daß sie wegen des Kaffees nicht hätten schlafen können. Ich erinnere mich, daß ich wegen der aufregenden Ideen nicht hatte schlafen können, und ich glaube, das wird auch bei ihnen der Grund gewesen sein.»[32]

Bohr eröffnete ihnen eine neue geistige Welt. Später, als sich Heisenberg mit Bohr angefreundet hatte, schrieb er diesem über die Göttinger Begegnung: *Ich kannte bis dahin nur die Sommerfeldsche Art, Physik zu treiben, und hatte bei Deinen Vorträgen, ohne alle Einzelheiten zu verstehen, beinahe plötzlich den Eindruck, die eigentlichen Zusammenhänge der Atomphysik zu verstehen.*[33]

Anfang September 1922 ging Sommerfeld für ein halbes Jahr in die USA, nach Wisconsin, um eine Gastprofessur zu übernehmen. Natürlich hatte er noch vorher für seinen Meisterschüler gesorgt und einen Studienaufenthalt bei seinem Kollegen Max Born in Göttingen arrangiert. So kam Heisenberg im Winter 1922/23 an die berühmte Georg–August-Universität, die seit den Zeiten von Gauß als Hochburg der

Mathematik galt und auch in der Physik einen guten Ruf hatte.

Erst ein Jahr zuvor war Born nach Göttingen berufen worden und hatte hier begonnen, wie er an Sommerfeld schrieb, seine Leute «quanteln» zu lassen, «um Ihnen ein wenig Konkurrenz zu machen»[34]. Born war jünger als Sommerfeld – 40 Jahre alt damals – und sicher kein «Husarenoberst», sondern eine «edle musikalische Seele», wie seine Freunde sagten. *Born veranstaltete ein Seminar über die Probleme der Bohrschen Theorie. Da nur acht Physiker und Mathematiker teilnahmen, fand das Seminar oft abends in Borns Wohnung statt. Frau Born unterstützte es durch Kuchen oder Obst.*[35]

«Heisenberg ist mindestens ebenso begabt wie Pauli», registrierte Born staunend. Vor zwei Semestern war Pauli sein Mitarbeiter gewesen, und er hatte gemeint, er würde nie mehr einen so guten Assistenten bekommen. Doch hatten ihn damals einige maliziöse Bemerkungen Paulis getroffen, und so schien ihm Heisenberg «persönlich netter und erfreulicher. Auch spielt er sehr gut Klavier.»[36]

Das war nun wirklich ein Student wie aus dem Bilderbuch: «Er sah aus wie ein einfacher Bauernjunge mit seinen kurzen, hellen Haaren, klaren hellen Augen und einem strahlenden Gesichtsausdruck... Seine unglaubliche Schnelligkeit und Genauigkeit der Auffassung befähigte ihn, ständig eine ungeheure Arbeitsleistung ohne große Anstrengung zu vollbringen: Er machte seine hydrodynamische Arbeit fertig, arbeitete über Probleme der Atomphysik zum Teil allein, zum Teil im Zusammenwirken mit mir, und half mir bei der Betreuung der Examenskandidaten», erinnerte sich Born.[37]

Heisenberg kam nun offiziell ins fünfte Semester. In der Fachwelt hatte er aber schon einen Namen. Am 28. Oktober meldete er Sommerfeld nach Amerika: *Am letzten Samstag bekam ich plötzlich von Lenz aus Hamburg einen Brief, ob ich nicht die Nachfolge Paulis dort übernehmen wollte. Auf so etwas war ich gar nicht vorbereitet.* Heisenberg berichtete sodann, daß sich der Plan im letzten Moment zerschlagen habe: *Ich glaube ja, daß ich es in Göttingen in mancher Hinsicht ebenso gut, vielleicht sogar besser habe, wie in Hamburg, aber mir tut es doch sehr leid, denn der Gedanke – so sehr mein Vater dieser Ansicht widerspricht – einmal nicht mehr vom Verdienste meines Vaters leben zu müssen, wär' mir schon sehr lieb gewesen. Aber nun ist es auch so ganz recht, denn ich hätte doch nicht gewußt, ob Sie mit dem Hamburger Plan einverstanden gewesen wären.*[38]

Zwei Monate später wurde die Hamburger Position – die wissenschaftliche Assistentenstelle beim Lehrstuhl für theoretische Physik – abermals vakant. Doch nun hatte Born erkannt, welches Juwel ihm da von Sommerfeld anvertraut war. So berichtete er diesem: «Heisenberg habe ich s e h r lieb gewonnen; er ist bei uns allen sehr beliebt und geschätzt. Seine Begabung ist unerhört, aber besonders erfreulich ist sein nettes bescheidenes Wesen, seine gute Laune, sein Eifer und seine Begeisterung. Die Hamburger wollen Heisenberg haben. Ich wäre sehr traurig, wenn er wegginge, und ich will alles daransetzen, ihn hier zu halten... Heisenberg will im Sommer bei Ihnen promovieren. Als ich ihn fragte, was er nachher vorhabe, antwortete er: ‹Das habe ich doch nicht zu entscheiden! Das bestimmt Sommerfeld!› Sie sind also sein selbsterkorener Vormund, und ich muß mich an Sie halten, wenn ich Heisenberg nach Göttingen ziehen will. Ich möchte nämlich einen Privatdozenten haben, da mir die Lehrtätigkeit zu viel wird ... Meine Doctoranden, von denen einige auch recht tüchtig sind, sind wohl nicht weit genug, natürlich auch nicht vergleichbar mit Heisenberg. Sie haben Wentzel, und ich nehme an, daß Pauli nach einem Jahr zu Ihnen zurückkehren wird. Könnten Sie unter diesen Umständen auf Heisenberg verzichten und ihm zureden, sich in Göttingen zu habilitieren?»[39]

Solche Vorschläge beunruhigten Sommerfeld. Auch daß Born ein Stipendium erwirkt hatte, war ihm nicht recht. Offenbar hatte er das Gefühl, Heisenberg werde zu sehr verwöhnt. Schließlich war er noch Student und hatte bisher kein einziges Universitätsexamen abgelegt. In einem (leider verlorenen) Brief muß Sommerfeld ihm eine Standpauke gehalten haben; jedenfalls lesen wir in Heisenbergs Antwort: *Ganz so treulos und für Geld käuflich, wie Sie meinen, bin ich aber doch nicht. Erstens hab' ich nie etwas anderes vorgehabt, als im Sommer dieses Jahres bei Ihnen das Examen zu machen ... Zweitens hab' ich ein zweites Angebot von Lenz an Weihnachten abgelehnt, trotz des großen Geldsacks der Hamburger. Drittens hab' ich bei Born gleich bei Annahme der Stelle die Bedingung gestellt, daß ich im Sommer nach München ginge.*[40]

Das sechste Studiensemester – Sommer 1923 – verbrachte Heisenberg tatsächlich wieder am Münchner Institut für theoretische Physik. *Sommerfeld möchte, daß ich mit einer Untersuchung über Turbulenz promoviere.*[41] Da war keine Widerrede möglich.

Der «alte Husarenoberst» sorgte sich um seinen jungen schneidigen Rittmeister. Sommerfeld wußte, daß bei dem ganz unsystematischen Studiengang – an dem er nicht unschuldig war – Lücken in Heisenbergs Kenntnissen geblieben waren und sah voraus, daß Kollege Wien, der Experimentalphysiker, wenig Verständnis dafür aufbringen würde, zumal er ohnehin der Sommerfeldschen Art, Physik zu treiben, sehr skeptisch gegenüberstand. Da nun die Doktorprüfung näherrückte, empfahl er dringend die Teilnahme am Fortgeschrittenen-Praktikum im Wienschen Institut. *Ich hatte von Wien die Aufgabe bekommen, über den Zeeman-Effekt der Hyperfeinstruktur der Quecksilber-Linien zu arbeiten. Ich kam damit nicht voran, einfach weil ich nicht wußte, was man von mir erwartete. Ich erhielt einige Instrumente, darunter ein Fabry-Perrot-Interferometer. Aber ich wußte nicht, daß man die Erlaubnis hatte, in die Werkstatt zu gehen. So habe ich versucht, alles selber zu machen mit Zigarrenkistenholz. Das gefiel dem Professor überhaupt nicht. Wahrscheinlich dachte Wien: «Dieser junge Mann muß seinen Weg selber finden.» Aber das tatsächliche Ergebnis war, daß ich sehr bald das Interesse an der Arbeit verlor. Ich trieb theoretische Physik sogar während der Zeit, die ich im Physikalischen Institut von Wien verbrachte.*[42]

Das konnte nicht gutgehen. Im Interview mit Werner Heisenberg stellte der Wissenschaftshistoriker Thomas S. Kuhn auch die Frage nach dem Verlauf der Doktorprüfung bei Wilhelm Wien:

Darüber zu sprechen, macht mir nichts aus. Die einzige Gefahr ist die, daß ich die Geschichte schon zu oft erzählt und jedesmal die Pointe verbessert habe.

Ich hatte mich also nicht, was ich eigentlich hätte tun sollen, mit den prinzipiellen Fragen beschäftigt, die auf meine Versuchsanordnung Bezug hatten. In der Prüfung fragte mich Wien über das Auflösungsvermögen des Fabry-Perrot-Interferometers... Und das hatte ich nie studiert. Während der Prüfung habe ich natürlich versucht, es herauszubringen, aber in der kurzen Zeit gelang es nicht. So hat er sicher gemerkt, daß ich einfach kein Interesse gehabt hatte. Da wurde er ärgerlich, und er fragte nach dem Auflösungsvermögen des Mikroskops. Als ich das nicht wußte, fragte er nach dem Auflösungsvermögen des Fernrohrs, und das wußte ich auch nicht... So fragte er nach der Wirkungsweise des Bleiakkumulators, und das wußte ich ebenfalls nicht... Ich bin mir nicht klar darüber, ob er mich durchfallen lassen wollte. Wahrscheinlich hat es hinterher eine heftige Diskussion mit Sommerfeld gegeben.[43]

Da es im Hauptfach «Physik» nur eine einzige Note gab – die sich aus den beiden Teilprüfungen in theoretischer und experimenteller Physik zusammensetzte –, mußten sich Sommerfeld und Wien einigen. Das Urteil Wiens lautete (sinngemäß) auf «bodenlose Ignoranz», während Sommerfeld (vermutlich) erklärte, bei diesem Doktoranden handle es sich um ein einmaliges Genie. Auf diese Behauptung hat Wien wohl sehr skeptisch reagiert, und es mag sein, daß er Sommerfeld etwas spitz daran erinnert hat, in der theoretischen Physik häuften sich die «einmaligen Genies» gar zu auffallend: Habe er denn nicht vor zwei Jahren im Rigorosum bei Wolfgang Pauli genau das nämliche gesagt?

Im Hauptfach «Physik» gab es schließlich eine III, ein gerade noch Bestanden. Das ist die Note, mit der die schwächsten Kandidaten passieren. Kein Wunder, daß sich noch heute Physiker auf der ganzen Welt darüber lustig machen. Immerhin bekam Heisenberg im Nebenfach Mathematik bei Oskar Perron eine I, in Astronomie bei Hugo von Seeliger eine II. Nach dem offiziellen Protokoll ergab «das Examen rigorosum des Herrn Werner Heisenberg, abgehalten am Montag, den 23. Juli 1923, nachmittags fünf Uhr im Sitzungszimmer» als Gesamtresultat die «Note III (cum laude)»[44].

Das offizielle Lob, das Heisenberg also doch noch erhielt, gründete sich im wesentlichen auf die vom Doktorvater hervorragend bewertete Dissertation: «Die hydrodynamische Erklärung der Turbulenz von Strömungen in Röhren oder Kanälen bildet ein Problem, das wegen seiner Schwierigkeiten berühmt ist... Der junge hochbegabte Verfasser hat schon mehrere Arbeiten, zum Teil zusammen mit mir, veröffentlicht. An der Behandlung des gegenwärtigen Problems zeigt er seine außerordentlichen Fähigkeiten von Neuem: volle Beherrschung des mathematischen Apparates und kühne physikalische Anschauung. Ich hätte keinem anderen meiner Schüler ein Thema von dieser Schwierigkeit als Dissertation vorschlagen können.»[45]

Im Oktober 1923 begann Heisenberg seine neue Tätigkeit in Göttingen bei Max Born. Es gab damals nur einen Assistenten für die theoretische Physik, und der Inhaber der Stelle war Friedrich Hund. Aber auch Heisenberg hatte praktisch die Pflichten eines wissenschaftlichen Assistenten und wurde allgemein als solcher bezeichnet, obwohl er genaugenommen Stipendiat war, zuerst der Rockefeller-Foundation und dann der Notgemeinschaft der Deutschen Wissenschaft.

Imponierend war in Göttingen die Mathematik vertreten, vor allem durch Felix Klein und David Hilbert. Auch Max Born selbst tendierte viel mehr zur Mathematik als Sommerfeld in München. *Born erschien mir, als ich nach Göttingen kam, als ein hervorragender Mathematiker, der für die mathematischen Methoden in der Physik Interesse hat, der aber nicht so viele physikalische Fakten kennt.*[46] Eine wertvolle Ergänzung war deshalb der Experimentalphysiker James Franck, ein Freund Borns aus der gemeinsamen Studienzeit, den Born, was die physikalische Intuition betraf, auf eine Stufe mit Michael Faraday stellte.

In der schon erprobten Zusammenarbeit mit Max Born bemühte sich nun Heisenberg intensiv um den *Übergang von der nur symbolisch brauchbaren und daher nur qualitativ richtigen Modellmechanik ... zur wirklichen Quantenmechanik.* Da die bisherige klassische Physik mit stetig veränderlichen Größen arbeitete, die neue Theorie aber offenbar auf abzählbare Quantenzustände gegründet werden mußte, ging es darum, das Kontinuierliche in Diskretes zu verwandeln: *Born faßt unsere Aufgaben für die nächste Zeit in dem Wort: «Diskretitierung der Atomphysik» zusammen.*[47]

Schon nach wenigen Monaten hatte Heisenberg die Arbeit *Über eine Abänderung der formalen Regeln der Quantentheorie beim Problem der anomalen Zeemaneffekte* fertig, die Born als Habilitationsschrift annahm. Eine Habilitation nur ein Jahr nach dem Rigorosum war ungewöhnlich, noch ungewöhnlicher in diesem Fall, da der Kandidat das Doktorexamen nur knapp bestanden hatte. Bei einem Zusammentreffen sprach Sommerfeld seinen Göttinger Fachkollegen darauf an.

Sommerfeld: «... eine Herausforderung der Münchener Fakultät!»

Born: «Warten Sie nur, er wird es schon rechtfertigen!»

Sommerfeld (lachend): «Weiß ich, weiß ich!»[48]

Über alles pflegte Sommerfeld seine Scherze zu machen, und Born, der kraftvollen Natur des «Geheimrats» nicht ganz gewachsen, war immer ein wenig irritiert, daß Sommerfeld nichts ernst nehmen konnte außer den wissenschaftlichen Arbeiten der eigenen Münchener Schule.

Sofort nach dem Ende des Semesters ging Heisenberg wieder auf «große Fahrt». *Morgen will ich für drei Wochen eine Fußwanderung anfangen, mit den Kameraden, die Sie aus meinen Erzählungen kennen,* hatte er am 28. Juli an Bohr geschrieben. Daß er nun als Privatdozent zum Lehrkörper der ehrwürdigen Georgia Augusta gehörte, machte für ihn keinen Unterschied. Von Würzburg ging es nordwärts zur Rhön; Pfadfinder und Wandervögel aus ganz Deutschland trafen sich auf dem Heidelstein zum Gedenken an den Untergang der deutschen Kriegsfreiwilli-

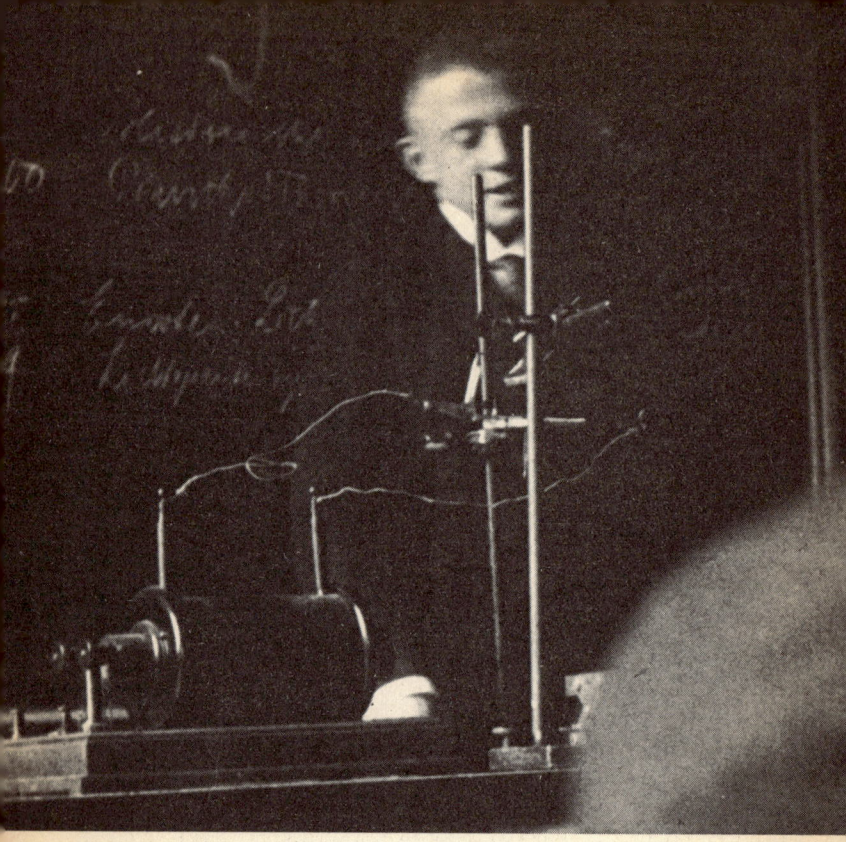

Heisenberg während des Habilitationsvortrags, 1924

gen-Regimenter im Oktober 1914. In mehrtägigen Feiern wurde geradezu ein Kult um «Langemarck» und den «Heldentod» entfaltet.[49] Das
nationale Pathos empfand Heisenberg als unwahrhaftig. «Ich kann mich
nicht erinnern, das Wort ‹Vaterland› jemals aus seinem Munde als Ausdruck seiner eigenen Überzeugungen oder Empfindungen vernommen
zu haben», sagte dazu Carl Friedrich von Weizsäcker: «Es gehörte zum
Wortschatz der Generation, die in seinen Augen durch den von ihr
verschuldeten Ersten Weltkrieg und das Fiasko aller ihrer Wertvorstel-
lungen, mit denen der Krieg endete, definitiv diskreditiert war.»[50] Für
Heisenberg war die «Pfadfinderei» nur dort echt, wo sie von Leben erfüllt war und sich allenfalls künstlerisch äußerte: «Das Entscheidende
war ihm die Wahrheit des Erlebens, und gerade diese fand er in den
Reden immer verletzt; ja er empfand, es sei überhaupt nicht möglich,
wahr zu bleiben, wenn man das Erlebte programmatisch zu formulieren
versuchte.»[51]

Er hat es immer für guten Stil gehalten, Pathos zu vermeiden. Trotzdem wurde wohl manches von dem, was exaltiert in den politischen Reden auf dem Heidelstein zum Ausdruck kam, auch von ihm empfunden. Neben dem Einfluß des Elternhauses und der Schule hat sicher die Gemeinschaft mit den Pfadfindern die starke Bindung an Deutschland und seine Menschen bewirkt, die in seinem Leben eine so große Rolle spielen sollte. *Ich hab' in den vergangenen zwei Wochen ... einen herrlichen Teil von Deutschland wieder einmal angeschaut,* berichtete er an Bohr über eine andere Wanderung: *Im Württembergischen wanderten wir durch alte Städtchen mit Toren und Türmchen und Winkelchen und Gäßchen, wo überall der Geist des Mittelalters einen anweht und uns beim Mondenschein von der Vergangenheit, von Landsknechten und Nachtwächtern träumen läßt.*[52]

Hier klingt noch eine andere Dimension seiner Liebe zu Deutschland an: die Verbundenheit mit Geschichte und Kultur. Zur Kultur gehört für ihn ganz wesentlich Sprache und Musik. Seine Entscheidung, 1933 nicht zu emigrieren, sei letztlich davon bestimmt worden, sagte er später einmal, daß er gefürchtet habe, die kleinen privaten Kreise, in denen man miteinander in tiefem Einverständnis musizieren könne, nirgendwo auf der Welt mehr zu finden.

Mitte September 1924 ging Heisenberg als «Research Associate» an das Institut für theoretische Physik nach Kopenhagen. Bohr hatte für ihn ein Stipendium des «International Education Board» erwirkt. Wie seinerzeit Sommerfeld, so mußte nun Born widerstrebend den Meisterschüler abgeben: «Ich werde ihn natürlich vermissen (er ist ein lieber, wertvoller, sehr kluger Mensch, der mir an's Herz gewachsen ist), aber sein Interesse geht vor dem meinen, und Ihr Wunsch ist mir ausschlaggebend. Erleichtert wird mir der Entschluß dadurch, daß ich wahrscheinlich das halbe Wintersemester in Amerika sein werde.»[53]

Als ich nach Kopenhagen kam, wurde vereinbart, daß ich bei einer netten alten Dame wohnen sollte, die eine große Rolle im Bohrschen Institut spielte ... Frau Maar war Witwe und hatte ein schönes Haus ... Sie hat sich sehr um die jungen Leute gekümmert und gleich gesehen, daß es für einen jungen Deutschen sehr wichtig war, Sprachen zu lernen. Ich hielt es für selbstverständlich, daß ich, wenn ich in Dänemark lebe, Dänisch lerne. Gleichzeitig aber mußte ich Englisch lernen. Ich habe mich zuerst auf Dänisch konzentriert. Jeden Tag nach dem Mittagessen hat sich Frau Maar eine oder zwei Stunden Zeit genommen und mit mir Dänisch gesprochen und Zeitung gelesen. So habe ich mir die Sprache ziemlich schnell angeeignet – nicht fließend, aber so, daß ich gut zurechtkam. Zur gleichen Zeit haben wir Englisch geübt. Nach etwa zehn oder zwölf Wochen beauftragte mich Bohr mit einem Vortrag im Kolloquium, und ich erwartete, daß das Referat in Dänisch gehalten werden sollte und so habe ich es in Dänisch vorbereitet. Ich war ganz stolz, daß ich einen guten Vortrag vorbereitet hatte, aber eine halbe Stunde vorher sagte mir Bohr: «Es ist wohl selbstverständlich, daß wir Englisch sprechen.»[54]

Mit dem Studienaufenthalt in Kopenhagen hatte er seine Lehrjahre, die Ausbildung zum Physiker, nun abgeschlossen. *In wissenschaftlicher*

Beziehung war für mich das vergangene halbe Jahr das Schönste in meiner ganzen bisherigen Studienzeit. So schrieb er am 21. April 1925 resümierend an Niels Bohr, und zu Weizsäcker sagte er später einmal: *Bei Sommerfeld hab' ich den Optimismus gelernt, bei den Göttingern die Mathematik, bei Bohr die Physik.*[55]

Heisenberg kannte nun alle Zentren der Atomphysik: München, Kopenhagen und Göttingen. Wo würden die Erkenntnisse am ehesten reifen? Wie die Göttinger (zu denen nun seit April 1925 auch wieder Heisenberg gehörte) aufmerksam registrierten, griff man in München das «Quantenrätsel» auf etwas anderen Wegen an als in Kopenhagen.

In München waren die Lehren Bohrs in einer frühen Entwicklungsstufe übernommen worden. Die Grundlage aller Arbeit blieb hier das Bohr-Sommerfeldsche Atommodell, eine Art Planetensystem en miniature, mit zusätzlichen Quantenbedingungen, wodurch nur bestimmte Bahnen als «erlaubt» galten. Sommerfeld und seine Schüler bemühten sich, die Fülle der Spektrallinien und ihre Aufspaltung in magnetischen und elektrischen Feldern in halbempirischen Gesetzen zu ordnen (Spötter nannten das «Zahlenmystik») und in Modellen zu deuten. Bohr dagegen hatte sich inzwischen überzeugt, daß es nur mit einer entschlossenen Abkehr von anschaulichen Vorstellungen möglich sein würde, der Lösung nahezukommen. Jedoch blieb völlig offen, an welcher Stelle die Abänderungen vorgenommen werden mußten. Ein Versuch Bohrs, das letztlich bis auf Leibniz zurückgehende und geradezu geheiligte Prinzip der Energieerhaltung zu opfern, um endlich die dem menschlichen Denken so merkwürdig scheinenden Vorgänge im Atom zu fassen, scheiterte.

Im Frühsommer des Jahres 1925 schienen alle Bemühungen in einer Sackgasse zu enden. «Die Physik ist momentan wieder einmal sehr verfahren», schrieb Wolfgang Pauli am 21. Mai: «Für mich ist sie jedenfalls viel zu schwierig, und ich wollte, ich wäre Filmkomiker oder so etwas und hätte nie etwas von Physik gehört. Nun hoffe ich aber doch, daß Bohr uns mit einer neuen Idee retten wird. Ich lasse ihn dringend darum bitten.»[56]

Die neue Idee aber kam von Werner Heisenberg, dem dreiundzwanzigjährigen Privatdozenten der Universität Göttingen: *Grundsatz ist: Bei der Berechnung von irgendwelchen Größen, als Energie, Frequenz u. s. w. dürfen nur Beziehungen zwischen prinzipiell kontrollierbaren Größen vorkommen.*[57] Das war eine Besinnung auf die Philosophie des Positivismus. Diese vor allem von Jean Le Rond d'Alembert begründete Erkenntnistheorie besteht im wesentlichen in der Aussage, daß man sich in der Wissenschaft nur auf Tatsachen, nur auf wirklich Beobachtbares, stützen dürfe. Einhundert Jahre nach Comte war es genau dieses Prinzip, das Heisenberg auf die bisherige Atomphysik anwandte: *Bekanntlich läßt sich gegen die formalen Regeln, die allgemein in der Quantentheorie zur Berechnung beobachtbarer Größen (z. B. der Energie im Wasserstoffatom) benutzt werden, der schwerwiegende Einwand erheben, daß jene Rechenregeln als wesentlichen Bestandteil Beziehungen enthalten zwischen Größen, die ... prinzipiell nicht beobachtet werden können (wie z. B. Ort, Umlaufzeit des Elektrons), daß also jenen Regeln offenbar jedes anschauliche physikalische Fundament mangelt ...*[58]

Bernhard Bavink, ein Gegner des Positivismus, hat einmal gesagt: «Aller Positivismus sollte richtiger Negativismus heißen, denn er lebt ausschließlich von der Negation.»[59] Er meinte damit, daß diese Erkenntnistheorie sich nur n e g a t i v gegen bestimmte Begriffe und Vorstellungen ausspreche, aber nicht p o s i t i v sagen könne, was nach ihrer Ausmerzung an deren Stelle treten solle. So war es im Grunde auch mit dem Heisenbergschen Ansatz. Es ist bezeichnend, daß das damals vom jungen Heisenberg sehr deutlich empfunden wurde: *Meine Meinung über das Geschreibsel ... ist die, daß ich von dem negativen, kritischen Teil fest überzeugt bin, daß ich aber den positiven für reichlich formal und dürftig halte.*[60]

Tatsächlich war der «positive Teil» alles andere als formal oder dürftig. Der Heisenbergsche Ansatz war vielmehr erkenntnistheoretisch sehr wichtig und sollte sich als tragfähige Brücke erweisen für den langgesuchten Übergang von der klassischen Physik zur Quantentheorie. Bevor wir aber schildern, wie es zu dieser «Sternstunde der Physik» gekommen ist, wollen wir zunächst noch die Frage stellen: Was veranlaßte überhaupt Heisenberg, sich den positivistischen Ansatz zu eigen zu machen, das Prinzip, daß aus der Wissenschaft die «nicht kontrollierbaren» oder «nicht beobachtbaren» Größen ausgeschaltet werden müssen?

Hauptvertreter des Positivismus war gegen Ende des 19. Jahrhunderts Ernst Mach; seine Gedanken hatten, auch noch im 20. Jahrhundert, großen Einfluß auf die Physik, und deshalb richtete Thomas S. Kuhn die Frage an Heisenberg: «Haben Sie damals Mach gelesen?» *Nein. Ich muß sagen, daß ich niemals ganz ernsthaft Mach gelesen habe. Ich habe ihn später ein wenig studiert – viel später. Irgendwie war ich nie besonders von Mach beeindruckt. Ich war beeindruckt, wie Einstein die Dinge anfaßte.*[61]

Schon als Gymnasiast hatte sich Heisenberg mit der Speziellen Relativitätstheorie Einsteins beschäftigt. Einsteins Ausgangspunkt war hier gewesen, daß «dem Begriff der absoluten Ruhe ... keine Eigenschaften der Erscheinungen» entsprechen, was gemäß den Prinzipien des Positivismus heißt, daß dieser Begriff als Anthropomorphismus aus der Wissenschaft entfernt werden muß. Dabei war Einstein aber nicht stehengeblieben, sondern hatte, auf dieser Erkenntnis aufbauend, sogleich sein Relativitätsprinzip formuliert. Das war es wohl, was Heisenberg «beeindruckt» hatte. *Ich würde sagen, daß mir Mach immer etwas zu formal war. Er war – ich möchte nicht sagen zu negativ, aber zu bescheiden in dem, was er wollte. Er war zu wenig poetisch. Ich meine, Plato war natürlich ein Poet ... Kant ist kein Poet, trotzdem liegt in dem, was er schreibt, Poesie.*[62]

Was versteht Heisenberg hier unter «Poesie»? Um das zu erläutern, wollen wir auf eine Diskussion zurückgreifen, die Mitte des 19. Jahrhunders drei berühmte Chemiker miteinander geführt haben. Der solide, aber vielleicht etwas nüchterne Jöns Jakob Berzelius warf dem genialeren Liebig vor: «Die dichterische Anlage Deines Geistes, in Verbindung mit einer großen Leichtigkeit der Diktion, führte Dich auf das grenzenlose Feld der Theorien, wo gerade die dichterische Anlage der gefährlichste Begleiter ist.»[63] Dazu schrieb nun Liebig an seinen Freund Friedrich Wöhler: «Die Ansichten und Theorien von Berzelius waren ein klar formulierter Ausdruck der Ideen seiner Zeit und darum von großem Wert; sie gingen aber keinen Schritt darüber hinaus. Ich will nicht sagen, daß dies ein Fehler ist, aber es würde ein Vorzug gewesen sein, wenn er etwas empfänglicher gewesen wäre für das Schaffen durch den Gedanken, was ich die Poesie des Naturforschers nenne.»[64]

Dies ist der entscheidende Satz: Das Schaffen durch den Gedanken ist die Poesie des Naturforschers. Der junge Heisenberg muß empfänglich gewesen sein für die Poesie der Einsteinschen Relativitätstheorie. Heisenberg hatte also den Machschen Positivismus bereits in der «poetischen» Einsteinschen Form kennengelernt. Wie damals in den Jahren 1904 und 1905 Einstein den Begriff der «absoluten Ruhe» als physikalisch irreführend erkannt hatte, so richtete sich nun Heisenbergs Verdacht gegen die Vorstellung von «Bahnen der Elektronen im Atom».

Was aber sollte an die Stelle der Bahnen treten? Das war die entscheidende Frage. In einem schöpferischen Akt, wie er nur dem Genie gelingt, fand Heisenberg – tastend zunächst – die richtige Lösung: *Der Grundgedanke ist: In der klassischen Theorie genügt die Kenntnis der Fourierreihe der Bewegung, um alles auszurechnen, nicht etwa nur das Dipolmoment (und die Ausstrahlung), sondern auch das Quadrupolmoment, höhere Pole u. s. w. ... Es liegt nun nahe, anzunehmen, daß auch in der Quantentheorie durch die Kenntnis der Übergangswahrscheinlichkeiten oder der korrespondierenden Amplituden alles gegeben ist. Man wird daher versuchen, die Gleichungen ... quantentheoretisch umzudeuten, und zwar ergibt sich eine Umdeutung zwangsläufig ...*[65]

Die gesuchte Physik war, wie man wußte, etwas anderes als die bisherige klassische Physik. Die quantentheoretische Physik erschien wie ein neues Land, das man jenseits eines vorerst unüberschreitbaren Hindernisses, einer breiten Meeresstraße, schon undeutlich am Horizont erkennen konnte. Der trennende Meeresarm war an manchen Stellen breit, an anderen schmal, und es gab Inseln. Heisenberg fand genau die Stelle, wo der Abstand zwischen dem alten und dem neuen Land am kleinsten war, und an der deshalb der Übergang am ehesten gewagt werden konnte.

Heisenberg schlug eine Brücke und betrat das neue Land. Wie ein Astronaut bei seinen ersten Schritten auf einem neuen Himmelskörper beherrschte Heisenberg natürlich noch nicht alle Gesetze der Bewegung und mußte sich zunächst mit einem relativ bescheidenen Programm begnügen. Physikalisch gesprochen heißt das: Das Problem des Atoms war noch zu schwierig; die neuen Ideen mußten an einem einfacheren Gebilde erprobt werden, einer Art von schwingendem Pendel im mikroskopischen Maßstab.

Mitten in der Ausarbeitung dieser Gedanken machte sich der schöne Göttinger Frühsommer für Heisenberg höchst unangenehm bemerkbar in einigen Heufieberanfällen. Er entschloß sich zur sofortigen Abreise nach Helgoland. In der Klausur ordneten sich die Gedanken. Das, was nur mathematisches Beiwerk war, trat zurück und die Aufmerksamkeit konzentrierte sich auf das Wesentliche der neuen Physik. *In Helgoland war ein Augenblick, in dem es mir wie eine Erleuchtung kam, als ich*

sah, daß die Energie zeitlich konstant war. Es war ziemlich spät in der Nacht. Ich rechnete es mühsam aus, und es stimmte. Da bin ich auf einen Felsen gestiegen und habe den Sonnenaufgang gesehen und war glücklich.[66] In diesen Tagen entstand die Konzeption der neuen Physik. Geschlafen hab' ich eigentlich gar nicht. Ein Drittel des Tages hab' ich die Quantenmechanik ausgerechnet, ein Drittel bin ich in den Felsen herumgeklettert, und ein Drittel hab' ich Gedichte aus dem West-Östlichen Divan auswendiggelernt.[67]

Auf der Rückreise besuchte er in Hamburg Wolfgang Pauli auf einige Stunden, die – wie üblich – zur intensiven Diskussion genutzt wurden. Wieder in Göttingen erhielt Heisenberg bereits einen oder zwei Tage später einen langen Brief des Freundes, in dem die Ergebnisse des Gesprächs zusammengefaßt und weitergeführt wurden.

Ausführlich ging Heisenberg auf alle Gedanken von Pauli ein, auch wenn sie sich in eine Richtung bewegten, in der er nicht suchte, und man wundert sich, wenn man jetzt nach fünfzig Jahren diese Briefe liest, mit welcher Intensität Heisenberg und Pauli damals gelebt und gedacht haben müssen. Sie waren besessen von ihrer Physik; es war die Besessenheit des Genies von seinem Gegenstand. «Ich habe Heisenbergs kühne Ansätze mit Jubel begrüßt», schrieb Pauli an H. A. Kramers: «Sicherlich ist man noch sehr weit davon entfernt, etwas Abgeschlossenes sagen zu können und stehen wir da erst in den allerersten Anfängen. Aber was mich so sehr an den Heisenbergschen Überlegungen gefreut hat, das ist die M e t h o d e seines Vorgehens und die B e s t r e b u n g, aus der heraus er diese Überlegungen angestellt hat. Überhaupt glaube ich, daß ich jetzt hinsichtlich meiner wissenschaftlichen Ansichten Heisenberg

sehr nahe gekommen bin und daß wir ziemlich in allem übereinstimmende Meinungen haben, soweit dies überhaupt bei zwei selbständig denkenden Menschen möglich ist.»[68]

Es folgt dann eine für Pauli typische Bemerkung, die vielleicht überheblich klingen mag, aber in Wirklichkeit nur das scharfe Urteil eines jugendlichen Genies über einen als ebenbürtig anerkannten Geist darstellt: «Mit Freude habe ich auch wahrgenommen, daß Heisenberg in Kopenhagen bei Bohr ein bißchen das philosophische Denken gelernt hat und sich vom rein Formalen doch merklich abwendet. Ich wünsche ihm deshalb von ganzem Herzen Erfolg bei seinen Bestrebungen! So fühle ich mich denn jetzt weniger einsam als etwa vor einem halben Jahr, wo ich mich (geistig wie räumlich) zwischen der Scylla der zahlenmystischen Münchener Schule und der Charybdis des ... reaktionären Kopenhagener Putsches ziemlich allein befand!»[69]

Am 11. oder 12. Juli 1925 hat Heisenberg seine Ausarbeitung abgeschlossen. *Ich zeigte die Arbeit Born, der sie interessant, aber etwas befremdend fand; befremdend insofern, als der Begriff der Elektronenbahn völlig eliminiert war. Aber er sandte sie zur Publikation an die Zeitschrift für Physik. Born und Jordan vertieften sich nun in die mathematischen Konsequenzen der Arbeit, diesmal ohne mein Beisein, da ich von Ehrenfest und Fowler zu Vorträgen in Holland und in Cambridge in England eingeladen worden war. Born und Jordan fanden in wenigen Tagen die entscheidende Beziehung $pq-qp = h/2\pi i$ heraus, mit deren Hilfe das ganze mathematische Schema durchsichtig gemacht werden konnte.*[70]

Das war Ende Juli 1925. Nach der Rückkehr aus dem Urlaub setzte

33

Heisenberg

Born im Oktober 1925 mit Pascual Jordan die intensive Zusammenarbeit fort; mit Heisenberg, der bei Niels Bohr in Kopenhagen war, fand zunächst ein reger Briefwechsel statt, bis er vor Monatsende zurückkam. So entstanden die beiden Veröffentlichungen «Zur Quantenmechanik I» von Born und Jordan und «Zur Quantenmechanik II» von Born, Heisenberg und Jordan, die auch unter dem Namen «Dreimännerarbeit» berühmt geworden ist. Damit waren die entscheidenden Schritte zur mathematischen Ausgestaltung der physikalischen Grundgedanken Heisenbergs getan.

Wie ein Lauffeuer sprach sich die Neuigkeit im Physikerkreis herum. Die Aufregung hat bei Einstein anscheinend die Assoziation an einen aufgescheuchten Hühnerhof hervorgerufen; «Heisenberg hat ein großes Quantenei gelegt», schrieb er seinem Freund Paul Ehrenfest.[71]

Nun hatte man endlich den langgesuchten neuen Kalkül zur Berechnung der stationären Zustände des Atoms zur Verfügung, die sich einer exakten mathematischen Behandlung so lange widersetzt hatten. Wie Pauli am ersten physikalisch-realen Beispiel, dem Wasserstoff, erwiesen hatte, waren die Ergebnisse richtig. «Die Heisenberg-Bornschen Gedanken halten alle in Atem, das Sinnen und Denken aller theoretisch interessierten Menschen», schrieb Einstein. «An die Stelle einer dumpfen Resignation ist eine bei uns Dickblütern einzigartige Spannung getreten.»[72]

An der Georgia Augusta war man stolz auf die neue Göttinger Physik. Heisenberg war es besonders auf den physikalisch-erkenntnistheoretischen Gehalt der neuen Theorie angekommen: die Revision der kinematischen und mechanischen Grundbegriffe. Durch die dominierende Stellung der Mathematik an der Universität wurde aber nun die mathematisch-formale Seite ganz in den Vordergrund gestellt. Auch Born und Jordan tendierten in diese Richtung: *Ich hab' mir alle Mühe gegeben, die Dreimänner-Arbeit physikalischer zu machen als sie war und bin so halb zufrieden damit. Aber ich bin immer noch ziemlich unglücklich über die ganze Theorie und war so froh, daß Sie mit der Ansicht über Mathematik und Physik so ganz auf meiner Seite stehen,* schrieb er an

Wolfgang Pauli wird von Max Born symbolisch bestraft

Pauli: *Hier bin ich in einer Umgebung, die genau entgegengesetzt denkt und fühlt, und ich weiß nicht, ob ich nur zu dumm bin, um Mathematik zu verstehen. Göttingen zerfällt in zwei Lager, die einen, die wie Hilbert (oder auch Weyl in einem Brief an Jordan) von dem großen Erfolg reden, der durch die Einführung der Matrizenrechnung in die Physik errungen sei, der andere, der wie Franck sagt, daß man die Matrizen doch nie verstehen könne. Ich bin immer wütend, wenn ich die Theorie nur unter dem Namen Matrizenphysik genannt höre und hatte eine Zeit lang ernstlich vor, das Wort Matrix ganz aus der Arbeit zu streichen und durch ein anderes, z. B. «quantentheoretische Größe», zu ersetzen. Übrigens ist Matrix wohl eines der dümmsten mathematischen Wörter, die es gibt.*[73]

Heisenberg kam es nicht darauf an, einen mathematisch interessanten Kalkül, sondern eine neue Physik zu schaffen. «Man muß versuchen«, schrieb Pauli ganz im Sinne seines Freundes, «die Heisenbergsche Mechanik noch etwas mehr vom Göttinger formalen Gelehrsamkeitsschwall zu befreien und ihren physikalischen Kern noch besser bloßzulegen.»[74] Dieses Programm hat Heisenberg in den folgenden einhalb Jahren tatsächlich – im engen Zusammenwirken mit Niels Bohr – durchgeführt. Die Arbeit an der neuen Theorie hinderte Heisenberg nicht daran, am regen wissenschaftlichen Leben der Göttinger Institute, insbesondere am gemeinsamen Seminar der Mathematiker und Physiker über «Struktur der Materie», teilzunehmen. Auch bei den Institutsausflügen war er gern und regelmäßig dabei. «Wir sind viel im Harz Schi gefahren», berichtete Wilhelm Hanle: «Heisenberg fuhr am besten, bzw. am schnellsten. Wir haben Wettrennen vom Brocken herunter gemacht ... Unsere Geschwindigkeit haben wir am Auslauf eines Steilhanges zwischen zwei Baumstümpfen mit der Institutsstoppuhr gemessen. Heisenberg hat 80 km/h erreicht, für die damalige Zeit ein Rekord. Dabei haben wir uns einmal so verspätet, daß wir umkehren und oben bei den ‹Fürnehmen› übernachten mußten. Das war für uns finanziell hart. Verärgert haben wir uns in ein Buch des Hotels als ‹finanzschwacher Assistent› oder so ähnlich eingeschrieben.»[75] *Ein andermal war Hanle verloren gegangen: Wir suchten und konnten ihn nicht finden und fürchteten schon, er könnte sich verletzt oder irgendwie im Wald verirrt haben. Plötzlich hörten wir aus einem ziemlich entfernten Waldstück eine etwas klägliche Stimme* hγ *rufen und da wußten wir, wo wir zu suchen hatten.*[76]

Eine andere Episode zeigt, wie intensiv damals die jungen Menschen sich mit Physik beschäftigt haben. *Wir konnten eigentlich über gar nichts anderes mehr reden als über Quantentheorie, so erfüllt waren wir von ihren Erfolgen und inneren Widersprüchen. Wir pflegten damals unser bescheidenes Mittagessen an einem Privatmittagstisch gegenüber dem Collegienhaus einzunehmen. Einmal wurde ich zu meiner Überraschung nach dem Essen von der Wirtin zu einem privaten Gespräch in ihr Zimmer gebeten. Sie eröffnete mir, daß wir Physiker leider in Zukunft nicht mehr bei ihr essen könnten, denn die ewige Fachsimpelei an unserem Tisch sei für die anderen Gäste unerträglich.*[77]

Im Wintersemester 1925/26 hielt Heisenberg in Vertretung von Born

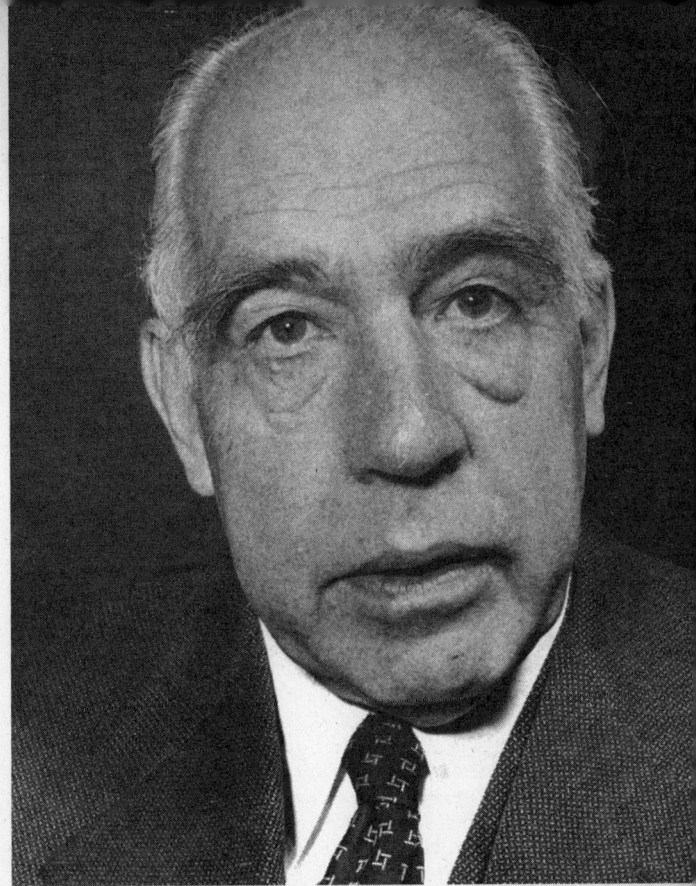

Niels Bohr

die Hauptvorlesung über «Kinetische Theorie der Materie». Mit Erfolg hatte Born ein Privatdozenten-Stipendium beantragt: «Dr. Werner Heisenberg ist trotz seiner Jugend bereits ein Forscher von Weltruf. Er hat seine außerordentliche Begabung schon durch zahlreiche Arbeiten bewiesen ... Ich glaube nicht zu viel zu sagen, wenn ich ihn für den weitaus zukunftsreichsten aller jüngeren Fachgenossen halte.»[78]

Die Georgia Augusta hat aber den eigentlichen Begründer der Göttinger Quantenmechanik nicht lange als Privatdozenten behalten. Zum 1. Mai 1926 ging Heisenberg als Dozent für theoretische Physik nach Kopenhagen. *Meine «Dienst»wohnung im Institut ist sehr nett eingerichtet; Bohrs haben mir ein Klavier geliehen; die Decke ist nicht, wie seinerzeit in G(öttingen), bemalt und alle «Hausgreuel»: Venus von Milo usw. fehlen ... Alle paar Tage nehmen Bohr und ich zusammen Reitstunde, um nicht in Physik zu verkommen.*[79]

Das aufregendste war nun die neue Wellenmechanik, eine scheinbare Alternative zur Göttinger Atomphysik, mit der Erwin Schrödinger überraschend hervorgetreten war. Für Schrödinger war das Atom ein schwingendes System, wie die Saite eines Musikinstrumentes etwa, für das eine Zahl von Schwingungsformen (Grund- und Obertöne) existieren, die als die Energiezustände des Atoms interpretiert werden. In eindrucksvoller Weise lieferte Schrödingers Wellengleichung ohne weitere Zusatzannahmen die richtigen Werte für die Spektrallinien des Wasserstoffatoms.

Für Niels Bohr und seinen Kopenhagener Kreis war die von Schrödinger vertretene halb-klassische Interpretation eine Herausforderung. Über Monate gab es nun Diskussionen zwischen Bohr und Heisenberg über die Frage, wie das in der Matrizen- und Wellenmechanik gefundene und offenbar richtige Rechenschema erkenntnistheoretisch zu interpretieren war. Es ging darum, wie es Pauli gefordert hatte, hinter der formalen mathematischen Struktur den «physikalischen Kern bloßzulegen».

Die Gespräche zwischen Bohr und Heisenberg begannen oft erst am Abend in Heisenbergs Dachwohnung im Institut und dauerten dann meistens bis nach Mitternacht. In ihrem Für und Wider wurden alle bisherigen Vorschläge – von Schrödinger, von Einstein, von Born – geprüft. Oft endete die Diskussion in Verzweiflung über die Unverständlichkeit der Quantentheorie in Bohrs Wohnung bei einem Glas Portwein.[80] Heisenberg ging dann anschließend allein durch den nahen Park und stellte sich verzweifelt die Frage: *Ist es möglich, daß die Natur so verrückt ist?*

Wochen- und monatelang waren Heisenberg und Bohr in einem Zustand der äußersten intellektuellen Anspannung. Hier rangen zwei ebenbürtige Geister miteinander und gegeneinander um ein wirkliches Verständnis der neuen Theorie. *Bohr versuchte, den Dualismus zwischen Wellenbild und Korpuskularbild zum Ausgangspunkt der physikalischen Interpretation zu machen, während ich mich bemühte, ohne Anleihe bei der Wellenmechanik den Weg zu Ende zu gehen, der durch die Quantenmechanik und die Diracsche Transformationstheorie vorgezeichnet schien.*[81]

Bohr war ein starker Diskutierer; Heisenberg jedoch, nicht minder zäh als Bohr, hielt in unerbittlicher Sachlichkeit allen Einwänden stand. Als beispielhaft hatte Heisenberg schon früher Bohrs Stil im geistigen Kampf gekennzeichnet. *Wenn wissenschaftliche Meinungsverschiedenheiten immer so ausgetragen würden, dann wäre die Physik noch wesentlich schöner!*[82] Aber nun führten die andauernden Streitgespräche doch zu einer gewissen Gereiztheit der beiden Freunde und Kontrahenten. Mitte Februar 1927 *fuhr Bohr – wahrscheinlich aus Ärger über meinen dauernden Widerstand – nach Norwegen zum Schifahren, und entgegen seinen sonstigen Gewohnheiten nahm er mich nicht mit, sondern wollte allein sein. In der Zeit haben wir dann beide Arbeiten geschrieben, von denen wir hinterher einsahen, daß es ziemlich doch dasselbe war ... Wir haben uns in der Diskussion gegenseitig gestört gehabt. Das ist dann so, daß die sehr klugen Einwände des andern eher schwerer machen, auf was zu kommen.*[83] Bei Bohr fügten sich nun die Gedanken zum «Komplementaritätsprinzip» – er nannte das «Urlaub», und Heisenberg verfaßte das Manuskript *Über den anschaulichen In-*

Mit Niels Bohr im Institut

halt der quantentheoretischen Kinematik und Mechanik. Die beiden Ausarbeitungen sollten die zwei Säulen der «Kopenhagener Deutung der Quantentheorie» bilden.

In einem Brief vom 23. Februar 1927 an Pauli legte Heisenberg auf vierzehn Seiten seinen Entwurf vor: *Pauli reagierte enthusiastisch. Seine Antwort lautete «Morgenröte der Neuzeit. Es wird Tag in der Quantentheorie.»*[84]

Als Bohr Mitte März 1927 nach Kopenhagen zurückkehrte, lag Heisenbergs Manuskript fertig vor. Der wesentliche Inhalt war die später nach Heisenberg benannte «Unschärferelation». Diese Heisenbergsche Unschärferelation besagt, daß es zwar möglich ist, den Ort eines Teilchens q mit beliebiger Genauigkeit zu messen, daß man aber dann nichts mehr über den Impuls p aussagen kann und umgekehrt. In einem Brief an Heisenberg hat Pauli den Sachverhalt mit den seither oft zitierten Worten ausgedrückt: «Man kann die Welt mit dem p-Auge und man kann sie mit dem q-Auge ansehen, aber wenn man beide Augen zugleich aufmachen will, dann wird man irre.»[85]

Beschränkt man sich darauf, den Ort eines Teilchens nur mit einer gewissen Annäherung, mit einer sogenannten «Unschärfe» zu bestimmen, so gibt es eine korrespondierende Unschärfe der Geschwindigkeit und das Produkt beider Unschärfen ist durch das Plancksche Wirkungsquantum bestimmt.

Als Mitte März die Gespräche zwischen Bohr und Heisenberg wieder begannen, hatten beide einen sicheren Standpunkt gewonnen, und es kam nun schnell zu einer Verständigung. *Wenn ich jetzt über diese Diskussionen damals nachdenke*, schrieb Heisenberg am 31. Mai 1927, *kann ich sehr gut verstehen, daß Bohr darüber ungehalten war ... Gott sei Dank verstehen wir uns jetzt alle wieder besser.*[86]

Mit ihrer neuen Philosophie traten die Kopenhagener zum erstenmal an die Öffentlichkeit bei der Tagung in Como im September 1927, zu der sich eine große Zahl von Gelehrten im Gedenken an den 100. Todestag Alessandro Voltas versammelten. Bohr hielt seinen großen Vortrag über «Das Quantenpostulat und die neuere Entwicklung der Atomistik». Einen Monat später fand in Brüssel die Solvay-Konferenz statt, ein seit 1911 alle zwei bis drei Jahre abgehaltener Kongreß, der sich zu einer Art «Gipfeltreffen» der führenden Physiker aus der ganzen Welt entwickelt hatte. Diese Tagung war die eigentliche Bewährungsprobe für das neue Konzept.

Die «Kopenhagener Deutung» mit dem Bohrschen Komplementaritätsprinzip und der Heisenbergschen Unschärferelation prägte von nun an den Denkstil in den Naturwissenschaften. Der «Umsturz im Weltbild der Physik» war vollzogen.

Das, was Max Planck mit seinem Quantenansatz im Jahre 1900 als wissenschaftliches Problem erkannt hatte, war nun, nach der Arbeit ei-

Die drei jugendlichen Genies: Pauli, Heisenberg und Fermi im September 1927 während einer Fahrt auf dem Comersee

Heisenberg

Lago di Como 19

Pauli

Fermi

Über den anschaulichen Inhalt der quantentheoretischen Kinematik und Mechanik.

Von **W. Heisenberg** in Kopenhagen.

Mit 2 Abbildungen. (Eingegangen am 23. März 1927.)

In der vorliegenden Arbeit werden zunächst exakte Definitionen der Worte: Ort, Geschwindigkeit, Energie usw. (z. B. des Elektrons) aufgestellt, die auch in der Quantenmechanik Gültigkeit behalten, und es wird gezeigt, daß kanonisch konjugierte Größen simultan nur mit einer charakteristischen Ungenauigkeit bestimmt werden können (§ 1). Diese Ungenauigkeit ist der eigentliche Grund für das Auftreten statistischer Zusammenhänge in der Quantenmechanik. Ihre mathematische Formulierung gelingt mittels der Dirac-Jordanschen Theorie (§ 2). Von den so gewonnenen Grundsätzen ausgehend wird gezeigt, wie die makroskopischen Vorgänge aus der Quantenmechanik heraus verstanden werden können (§ 3). Zur Erläuterung der Theorie werden einige besondere Gedankenexperimente diskutiert (§ 4).

Eine physikalische Theorie glauben wir dann anschaulich zu verstehen, wenn wir uns in allen einfachen Fällen die experimentellen Konsequenzen dieser Theorie qualitativ denken können, und wenn wir gleichzeitig erkannt haben, daß die Anwendung der Theorie niemals innere Widersprüche enthält. Zum Beispiel glauben wir die Einsteinsche Vorstellung vom geschlossenen dreidimensionalen Raum anschaulich zu verstehen, weil für uns die experimentellen Konsequenzen dieser Vorstellung widerspruchsfrei denkbar sind. Freilich widersprechen diese Konsequenzen unseren gewohnten anschaulichen Raum—Zeitbegriffen. Wir können uns aber davon überzeugen, daß die Möglichkeit der Anwendung dieser gewohnten Raum—Zeitbegriffe auf sehr große Räume weder aus unseren Denkgesetzen noch aus der Erfahrung gefolgert werden kann. Die anschauliche Deutung der Quantenmechanik ist bisher noch voll innerer Widersprüche, die sich im Kampf der Meinungen um Diskontinuums- und Kontinuumstheorie, Korpuskeln und Wellen auswirken. Schon daraus möchte man schließen, daß eine Deutung der Quantenmechanik mit den gewohnten kinematischen und mechanischen Begriffen jedenfalls nicht möglich ist. Die Quantenmechanik war ja gerade aus dem Versuch entstanden, mit jenen gewohnten kinematischen Begriffen zu brechen und an ihre Stelle Beziehungen zwischen konkreten experimentell gegebenen Zahlen zu setzen. Da dies gelungen scheint, wird andererseits das mathematische Schema der Quantenmechanik auch keiner Revision bedürfen. Ebensowenig wird eine Revision der Raum—Zeitgeometrie für kleine Räume und Zeiten notwendig sein, da wir durch Wahl hinreichend schwerer Massen die quantenmechanischen Gesetze den

ner ganzen Generation von Physikern, endlich geklärt. Das Ergebnis
war freilich, daß einige geheiligte Prinzipien der bisherigen, der «klassischen» Physik aufgegeben werden mußten. Dazu gehörte das bis auf
Leibniz zurückgehende Kontinuitätsprinzip, das heißt die Überzeugung,
daß die Natur keine Sprünge mache («natura non facit saltus»), und
dazu gehörte das damit zusammenhängende Prinzip der Determiniert-
heit alles physikalischen Geschehens.

Der Grundsatz, daß in der Mechanik durch die Naturgesetze alles im
voraus festgelegt, determiniert ist, hatte im 18. Jahrhundert seinen präg-
nantesten Ausdruck in der Fiktion des «Weltgeistes» von Laplace gefunden. Die moderne Physik ist nicht mehr deterministisch, weil die
Laplacesche Voraussetzung prinzipiell nicht mehr erfüllt werden kann:
*Es ist unmöglich, Ort und Geschwindigkeit eines Teilchens gleichzeitig
genau anzugeben. An der scharfen Formulierung des Kausalgesetzes
«Wenn wir die Gegenwart genau kennen, können wir die Zukunft be-
rechnen», ist nicht der Nachsatz, sondern die Voraussetzung falsch. Wir
können die Gegenwart in allen Bestimmungsstücken prinzipiell nicht
kennenlernen. Deshalb ist alles Wahrnehmen eine Auswahl aus einer*

Kopenhagen, 1930. Erste Reihe v. l.: Oskar Klein, Bohr, Heisenberg, Pauli, Gamow, Landau, Kramers

Fülle von Möglichkeiten und eine Beschränkung des zukünftig Möglichen.[87]

Die Kopenhagener Deutung der Quantentheorie wurde weit über die Grenzen der Physik hinaus bedeutsam. Die Interpretation der Geschehensakte im Bereich des Mikrokosmos spielt eine zentrale Rolle in der Erkenntnistheorie, sie enthält eine grundsätzliche Aussage über das Wesen der physikalischen Realität und unserer wissenschaftlichen Aussagen überhaupt; die umfassende Auseinandersetzung, die bis heute andauert, weist auf diese Bedeutung hin. Die großen grundsätzlichen Gegner der statistischen Interpretation – Albert Einstein, Max Planck, Max von Laue, Louis de Broglie und Erwin Schrödinger – konnten zwar nicht überzeugt werden, die heutige Physikergeneration aber teilt deren Bedenken nicht. Für diese großen Physiker gilt, was einer von ihnen, Max Planck, in Rückerinnerung an eigene frühere Erfahrungen gesagt hatte: «Eine neue wissenschaftliche Wahrheit pflegt sich nicht in d e r Weise durchzusetzen, daß ihre Gegner überzeugt werden und sich als bekehrt erklären, sondern vielmehr dadurch, daß die Gegner allmählich aussterben und daß die heranwachsende Generation von vornherein mit

43

der Wahrheit vertraut gemacht ist.»[88]

Nicht nur in der Entwicklung der Physik, auch für Heisenberg persönlich markiert die Physiker-Tagung in Como und die Solvay-Konferenz 1927 einen bedeutsamen Einschnitt: Am 1. Oktober wurde er ordentlicher Professor für theoretische Physik an der Universität Leipzig.

Es war ein Feiertag, an dem Heisenberg nach Leipzig kam und zum erstenmal sein neues Institut in der Linnéstr. 5 besuchte. Der Haupteingang war verschlossen. Er ging um das Haus herum, kam durch einen Seiteneingang in den Hof und fand dort eine Frau beim Teppichklopfen, die dann viele Jahre das Faktotum im Institut war. Im schönsten Sächsisch sagte sie: «Achgodne, Sie sin der neie Professer? Dann will ich Ihnen mal erzähln, was hier im Institute so alles bassiert.»[89]

Offenbar hat damals eine Zeitung einen Bericht gebracht über «Deutschlands jüngsten Professor». Als Pascual Jordan einige Monate später ebenfalls einen Ruf erhielt, schrieb ihm Heisenberg: *Mit dem «jüngsten Professor Deutschlands» geht's also so, wie mit dem «besten Kaffee der Welt»: es gibt immer 20 verschiedene Sorten.*[90] In Leipzig

hatte Heisenberg alle Pflichten eines ordentlichen Professors und Institutsdirektors. *Vor einem Jahr haben wir in Aelsgaarde Croquette gespielt,* schrieb er an Jordan in der Erinnerung an die schöne Zeit in Dänemark, *jetzt muß ich für 150 Mann Übungsaufgaben korrigieren.*[91]

Nun konnte sich Heisenberg zum erstenmal ganz selbständig und selbstverantwortlich einen eigenen Kreis aufbauen. Zu den bisherigen Zentren der Atomphysik Kopenhagen, Göttingen und München kamen nun als weitere Leipzig und Zürich, wo Pauli Ordinarius geworden war, hinzu. *Ich fände sehr schön,* schrieb er an den Freund nach Zürich, *wenn wir so eine Art Physikeraustausch zwischen Zürich und Leipzig einrichten könnten, aber er muß gegenseitig sein, denn sonst sitz' ich am Schluß allein da.*[92]

Was als Scherz gemeint war wurde 1933 bitterer Ernst. Viele von den hochbegabten jungen Menschen, die Heisenberg um sich geschart hatte, verließen Deutschland, und es kamen kaum noch neue Mitarbeiter hinzu. Heisenberg erzählte einmal, in seinem ersten Seminar in Leipzig hätten zwei Studenten gesessen; in dem letzten, das Hund und Heisenberg gemeinsam abhielten, waren es auch zwei.[93]

Solvay-Kongreß 1927

DIE INSEL DER FREIHEIT

Auch politisch Erfahrene haben den 30. Januar 1933 erst geraume Zeit später als die große Zäsur in der deutschen Geschichte erkannt: als den jähen Absturz des «Landes der Dichter und Denker» in die Barbarei. Die ersten Verhaftungswellen glaubte man noch als das auf dem Wege zu geordneten Verhältnissen nun einmal unumgängliche «Kehren mit eisernem Besen» verstehen zu dürfen. Die Ursache der verbreiteten Fehleinschätzung der ersten Monate hat Theodor Heuss in der «wohlbürgerlichen Erziehung» gesehen, die «uns nicht befähigt, mit der Phantasie so viel sinnlose und dumme Brutalität geschichtlich für möglich zu halten».

Auch Heisenberg hat sich am Anfang über die Lage getäuscht. Im März 1933, als er gemeinsam mit Niels Bohr und anderen Freunden schöne Tage auf der Himmelmoosalm verbrachte, betonte er mit dem ihm eigenen Optimismus die (scheinbar) positiven Aspekte der neuesten politischen Entwicklung.

Die Illusion währte nicht lange. Am 30. Juni bereits schrieb er nach Kopenhagen: *Seit unserem Zusammensein in den Bergen sind hier so viele ernste Dinge geschehen, die Zeit und Denken in Anspruch nehmen – auch hatte ich oft das Gefühl, ich müßte Dir gegenüber ein schlechtes Gewissen haben für alles das, was jetzt in diesem Lande geschieht... Wie Du wohl weißt, ist auch Bloch nicht nach Leipzig zurückgekehrt, obwohl er noch eine Zeitlang hier hätte arbeiten können.*

Die internationale Gemeinde der Physiker. Erste Reihe v. l.:
Bohr, Dirac, Heisenberg, Ehrenfest, Delbrück, Meitner

Er hält jetzt in Paris Gastvorlesungen. Mit Planck und Laue hab' ich öf-
ter gesprochen oder korrespondiert; wir haben versucht, Franck und
Born zu halten – Franck möchte nicht mehr zurückkehren, bei Born
hab' ich noch ein wenig Hoffnung, aber die Zukunft ist völlig unsi-
cher.[94] Durch das infame «Gesetz zur Wiederherstellung des Berufsbeamten-
tums» wurden die jüdischen Gelehrten in die Emigration gezwungen.
«Hier geht die Zerstörung der Wissenschaft weiter», berichtete Max
von Laue am 13. Oktober 1933 aus Berlin: «Du weißt ja wohl die Haupt-
sachen, daß z. B. Schrödinger fortgeht, desgleichen Mises, Freundlich,
beide nach Stambul ... Im ganzen sind etwa 70 Physiker, einschließlich
einiger physikalischer Chemiker, um ihr Amt gekommen.»[95]

In Göttingen, in Hamburg, in Leipzig, überall das gleiche Bild: *Von*
Laue soll ich Dir noch sagen, daß nunmehr auch Reiche aus Breslau ent-
lassen worden ist, also mit auf die Liste derer, die Stellungen suchen,
kommen soll. Andererseits hat Frau Dr. Kellner eine Stellung bei A.
Fowler in London bekommen und angenommen, ist also inzwischen
schon versorgt.[96]

Heisenberg hat sich wie viele andere Kollegen sofort für die Unter-
bringung der Entlassenen im Ausland eingesetzt. Das war sozusagen
selbstverständlich und geschah ohne Zögern. Viel schwerer war die Entscheidung, wie man sich prinzipiell zu all dem offenbaren Unrecht, das
da im Namen des Staates geschah, stellen sollte: *Die Empörung unter*
den jüngeren Fakultätsmitgliedern – ich denke dabei besonders an Fried-

rich Hund, Karl Friedrich Bonhoeffer und den Mathematiker Bartel Leendert *van der Waerden – war so groß, daß wir erwogen, von unserer Stellung an der Universität zurückzutreten und möglichst viele Kollegen zu dem gleichen Schritt zu veranlassen.*[97]

Ein Ausscheiden aus dem Lehramt – darüber war sich Heisenberg im klaren – bedeutete die Emigration. Er aber liebte dieses Land; es war ein Stück von ihm selbst. Und dann: Durfte er sich in der Stunde der Not in Sicherheit bringen, während alle seine Freunde hier blieben? Wie bei den Wanderfahrten für die jüngeren Kameraden fühlte er sich jetzt verantwortlich für die Studenten und die jungen Wissenschaftler, die zu ihm in die Vorlesungen und Seminare kamen. Noch mehr als sonst bedurften sie seines Rates und seines Schutzes.

Heisenberg entschied sich dafür, in Deutschland zu bleiben. Selbst heute, da man den verbrecherischen Charakter des Regimes und alle seine Untaten kennt, ist es nicht ganz leicht, zu beurteilen, ob es damals richtiger gewesen wäre, die Professur in Leipzig niederzulegen. «Das Beispiel hätte», so schrieb der Autor in seiner Planck-Biographie, «den Triumph der Nazis über die billigen Siege für einen Augenblick unterbrechen und im Kreise der Physiker als Signal wirken können.»

Eine Reihe von Gelehrten, die die damalige Zeit erlebt haben, sind entschieden anderer Auffassung. So meint der theoretische Physiker Fritz Bopp: «Wer im Lande bleiben konnte, mußte bleiben, teils aus einem pragmatischen Grund, nämlich um nicht unnötig ausländische Stellen zu blockieren, die für Flüchtlinge aus Not offen bleiben mußten, teils aus dem viel tieferen Grunde, daß die Kontinuität der Physik im Lande, so gut es ging, mit den verminderten Kräften, um der Zukunft willen, bewahrt werden mußte... Wenn Planck und andere gegangen wären, hätte das keinen Einfluß auf die Tagespolitik gehabt. Daß sie geblieben sind, hatte zur Folge, daß es in Deutschland noch einen Freiheitsraum gegeben hat, und wir Jungen hatten das Glück, gerade in dem aufzuwachsen... Die Freiheit, der ich im Breslauer Physikerkreis begegnet war, hatte ihren Rückhalt einerseits natürlich in den hervorragenden Breslauer Persönlichkeiten, andererseits aber auch darin, daß Männer wie Planck und Heisenberg geblieben sind. Was sie gegen die Diktatur tun konnten, war gewiß gering. Daß in ihrem Umkreis Freiheit nicht ein abstrakter, ideologisch geprägter Begriff gewesen, sondern erlebbare Wirklichkeit, das war zukunftsprägend.»[98]

Tatsächlich hat Heisenberg eine große und erfolgreiche Rolle gespielt bei der Abwehr der nationalsozialistischen Ansprüche; zum großen Teil ist es ihm zu danken, daß die theoretische Physik in Deutschland nicht auf provinzielles Niveau herabgesunken ist, sondern in altem Geiste – wenn auch mit verminderten Kräften – weiterbetrieben werden konnte.

Allerdings hat Heisenberg nicht so sichtbare Zeichen gesetzt wie Max von Laue, der als «resolute champion of freedom» dem Nationalsozialismus direkt entgegengetreten ist. Für einen solchen politischen Kampf war Heisenberg nicht geschaffen, ebensowenig wie Planck; Heisenberg ging von frühester Jugend an seine eigenen Wege in der Welt des Geistes, die er aus Höhen wie keiner vor ihm überblickte; in der Menschenwelt blieb er unerfahren. Fremd waren ihm die Gefühle des Neides, der Rachsucht, des Hasses – die jetzt in der «Völkerwanderung von unten» eine so maßgebende Rolle spielten –, und er vermochte das Getriebe nicht zu durchschauen.

Ich würde auch jetzt noch glauben, schrieb er nach dem Krieg in einem Privatbrief, *meine Pflicht sträflich versäumt zu haben, wenn ich nicht wenigstens in meinem kleinen Kreise das Äußerste versucht hätte, eine Bresche in die Verblendung zu schlagen, in der Hoffnung, daß andere an anderen Stellen dann das Gleiche tun.[99]* Er gab ein Beispiel für die Studenten, und sein Beispiel wirkte, gerade weil er noch so jung war und ganz offensichtlich nicht zum «Kreis der alten und konservativen Professoren gehörte, die nur noch in der Welt von gestern leben können». So formulierte es ein Hitlerjugend-Führer, den Heisenberg in der Autobiographie zitiert. Sein Leipziger Institut war eine Insel der Freiheit in der braunen Flut.

Heisenberg hat vorausgesehen, daß sein Entschluß, in Deutschland zu bleiben, manche Konzessionen erforderlich machen würde. Was er nicht voraussehen konnte, war, daß gerade durch seine Forschungen auf dem Gebiet der wissenschaftlich so faszinierenden Kernphysik die Entwicklung einer neuen Waffe, eines Machtinstrumentes bisher unvorstellbaren Ausmaßes, in den Bereich der Möglichkeit rückte. Als er selbst, zu seinem Schrecken, diese Konsequenzen erkannte, blieb ihm nichts, als den Weg, für den er sich entschieden hatte, langsam, aber doch Schritt um Schritt weiterzugehen. Zum Glück für die Welt schlug aber hier, auf dem Gebiete der Kerntechnik, die Politik des Dritten Reiches auf die Machthaber selbst zurück. Den Arm, der das furchtbare Schwert hätte schmieden können, hatte sich das Regime selbst gelähmt.

Bis Anfang 1935 wurden von den deutschen Universitäten und Technischen Hochschulen 1145 Professoren und Dozenten entlassen. Dabei hatte oft schon die Emigration eines einzigen Forschers – man denke an Max Born oder an James Franck – das Absterben einer ganzen wissenschaftlichen Schule zur Folge.

In ihrer Verblendung triumphierten die Nationalsozialisten. Im «Völkischen Beobachter» schrieb Philipp Lenard: «Der Fremdgeist verläßt bereits sogar freiwillig Universitäten, ja das Land.»

Jetzt schlug Lenards große Stunde. Sein unheilvolles Wirken hatte Heisenberg zum erstenmal 1922 auf der großen Jubiläumsveranstaltung der «Deutschen Naturforscher und Ärzte» kennengelernt. Seither hatten Lenard und sein Freund Johannes Stark die Quanten- und die Relativitätstheorie als «jüdische Machwerke» in immer neuen Variationen angegriffen. Die Kollegen zogen daraus den Schluß, daß die früher bedeutenden Experimentalphysiker Lenard und Stark die Grundgedanken nicht erfaßt hatten, und prägten in den zwanziger Jahren das Wort: «Was man nicht verstehen kann, sieht man drum als jüdisch an.»

Die Zeit, in der man sich über wissenschaftlich abwegige Auffassungen in dieser Weise lustig machen konnte, war 1933 vorbei. Viele Begründer der modernen theoretischen Physik wie Einstein, Born und Schrödinger hatten als Juden und «Feinde des deutschen Volkes» das Land verlassen. Die wissenschaftlichen Außenseiter Lenard und Stark konnten sich auf ihre langjährige geistige Verbundenheit mit Adolf Hitler berufen und heimsten Lob und Lohn als «alte Kämpfer» ein: Am 1. Mai 1933 wurde Stark zum Präsidenten der Physikalisch-Technischen Reichsanstalt eingesetzt. «Jetzt sind neue Zeiten in der Physik angebrochen», kommentierte Lenard im «Völkischen Beobachter» die Ernennung.[100]

Auf der Physikertagung in Würzburg stellte sich Max von Laue mutig der Gefahr entgegen. Als Vorsitzender der Deutschen Physikalischen Gesellschaft eröffnete er am 18. September 1933 den Kongreß mit einer sorgfältig vorbereiteten Rede über die genau 300 Jahre zurückliegende Verurteilung Galileis durch die Inquisition. Die Zuhörer begriffen, daß mit dem Galilei, von dem er sprach, Einstein gemeint war, und verstanden das legendäre «Und sie bewegt sich doch» am Schluß der Rede als eine Verheißung, daß die jetzt verfemte Relativitätstheorie sich trotz aller staatlichen Machtmittel siegreich durchsetzen werde.[101]

Ebenso demonstrativ war die Verleihung der erst vier Jahre zuvor gestifteten goldenen Max-Planck-Medaille, der höchsten Auszeichnung der Gesellschaft, an Werner Heisenberg. Leider war Heisenberg nicht selbst nach Würzburg gekommen; er hatte sich zu Niels Bohr und zur Physik zurückgezogen.

Mit Bohr war Heisenberg auch Ende Oktober in Brüssel bei der internationalen Solvay-Konferenz. Hier kamen ihm Andeutungen zu Ohren, daß nach der Max-Planck-Medaille noch eine größere Ehre bevorstehe. Nachdem das Semester in Leipzig angefangen hatte, am 9. November, kam das Telegramm aus Stockholm. Gleich in der ersten Freude rief Heisenberg seine Mutter in München an: *Mama, ich gratuliere Dir zu Deinem Sohn – ich habe soeben den Nobelpreis erhalten.*[102]

Es war der Preis für das Jahr 1932, den Heisenberg erhielt. Gleichzeitig wurde der Physikpreis 1933 vergeben, und zwar halbiert an Erwin Schrödinger und Paul Dirac. Heisenberg fiel die ungeteilte Auszeichnung zu «für die Aufstellung der Quantenmechanik», wie es in der offiziellen Begründung hieß. Pauli aber scherzte, der wahre Anlaß sei die bei Sommerfeld geschriebene Doktorarbeit von 1923. Pauli spielte dabei auf die elf Jahre zurückliegende Verleihung des Nobelpreises an Einstein an, den dieser nicht, wie allgemein erwartet, für die Relativitätstheorie bekommen hatte, sondern – unter dem Eindruck der Lenardschen Kampagne – in einer etwas gewundenen Erläuterung für die quantentheoretischen Arbeiten, insbesondere den Photoeffekt: «Der Vergleich mit früheren Begründungen (namentlich die an Einstein) und die Durchsicht der Statuten der Nobelstiftung lassen es mich als sicher annehmen, daß Du den Preis für Deine berühmte und bis heute unwiderlegte hydrodynamische Dissertation bekommen hast. Denn diese hat ja den unmittelbarsten Zusammenhang mit physikalischen Experimenten, auf den die Nobelstiftung einen so großen Wert legt. – Wie dem auch sei, ich gratuliere Dir recht herzlich!»[103]

Zur ungetrübten Freude blieb keine Zeit. Der neue Nobelpreisträger sollte gleich eine Rolle in der nationalsozialistischen Szene spielen. Am 11. November, dem Tag, an dem die Morgenblätter die Preisverleihung gemeldet hatten, kamen in Leipzig führende Gelehrte aus dem ganzen

Reich zu einer «Wahlkundgebung der deutschen Wissenschaft» zusammen. Neben dem Philosophen Heidegger, dem Chirurgen Sauerbruch, dem Kunsthistoriker Pinder und dem Anthropologen Fischer war nun auch dem jungen Physiker, von dessen Ruhmes- und Wundertaten man soeben vernommen hatte, ein Auftritt zugedacht. Der Zufall, daß der Nobelpreis gerade jetzt nach Leipzig fiel, schien prächtig in die Inszenierung zu passen. In einem Grußwort an die Versammlung sollte Heisenberg seiner «Verbundenheit mit dem Führer» öffentlichen Ausdruck verleihen. Heisenberg aber machte nicht mit; er verweigerte seine Beteiligung.

Nun hatte er Gelegenheit, seine «Volksgenossen» von einer anderen Seite kennenzulernen. Stabsleiter und Gauobmann des Nationalsozialistischen Lehrerbundes Sachsen, die ihn eben noch so freundlich zur Teilnahme gebeten hatten, vergaßen alle Formen der Höflichkeit. Kollegen rückten von ihm ab; Studenten drohten, sie wollten die Vorlesung sprengen. *Ich spürte, wie es ist, wenn der Wind in's Gesicht weht.* Heisenberg hat darüber nie berichtet; nur in dem in der Autobiographie wiedergegebenen Gespräch mit einem nationalsozialistisch gesinnten Studenten klingen die Probleme an.

Daß mit dem Nobelpreis auch eine Bürde verbunden ist, hat Heisenberg vom ersten Tag an erfahren müssen. Unter 70 Millionen Deutschen war er nun herausgehoben, und sowohl von der nationalsozialistischen Regierung wie von den ehemaligen, nun in der Emigration lebenden Kollegen wurde jetzt sein Verhalten genau beobachtet und beurteilt. Ebenso herausgehoben war er nun natürlich als Physiker. Er zählte 32 Jahre, als er in den Areopag des Geistes gewählt und einem Planck, einem Einstein, einem Bohr an die Seite gestellt wurde.

Er gab sich Rechenschaft darüber, was alles er seinen Lehrern und Freunden verdankte: Sommerfeld, Born, Franck, Pauli, Kramers, Hund ... aber am meisten wohl hatte er, wie alle anderen auch, von den Gedanken Bohrs profitiert: *Ich weiß, daß ich eigentlich von Dir gelernt habe, wie man Wissenschaft treibt und daß ich die geringen Beiträge, die ich zur Physik hab' liefern dürfen, zum allergrößten Teil der Kopenhagener Atmosphäre verdanke, in der ich aufgewachsen und von Dir aufgezogen worden bin. Wahrscheinlich verdanke ich auch die jetzige Anerkennung zum großen Teil direkt oder indirekt Dir. Also hab' für alles, was Du für mich getan hast, den herzlichsten Dank. Ich schäme mich Dir gegenüber oft, daß ich Dir ja eigentlich für Deine Freundschaft gar nichts geben kann; denn es ist immer so, daß ich von Dir lerne und Deine Kraft für wissenschaftliche oder philosophische Schwierigkeiten in Anspruch nehme.*[104]

Man versteht nun auch den «Ehrgeiz» Heisenbergs besser, den schon die Lehrer am Maximiliansgymnasium bei dem Elfjährigen bemerkt hatten. Wenn er überall der erste sein wollte – in der Lösung mathematischer Aufgaben, im Schachturnier, im Tischtennis –, dann war das eine spielerische Betätigung der Kräfte, zu deren Regeln es gehört, daß man gewinnen will.

Wie Siegfried sich freute, daß er den Speer am weitesten schleudern konnte, so hat sich Heisenberg gefreut, daß er in der Physik der beste

Mit der Mutter

10. Dezember 1933: Verleihung des Nobelpreises

war. Sein Ehrgeiz hatte nie zum Ziel, über andere zu triumphieren. Jetzt, wo er so sichtbar über alle gestellt wurde, war er weit davon entfernt, den Ruhm in vollen Zügen zu genießen: *Bei dem Nobelpreis hab' ich Schrödinger, Dirac und Born gegenüber ein schlechtes Gewissen. Schrödinger und Dirac hätten beide einen ganzen Preis mindestens ebenso verdient wie ich, und mit Born hätte ich gerne geteilt, da wir auch zusammen gearbeitet haben.*[105]

Wie zu den Freunden schuf der Nobelpreis auch im Verhältnis zu den Feinden eine neue Lage. Insbesondere Johannes Stark verfolgte von nun an den jüngeren und erfolgreicheren Kollegen mit seinem besonderen Haß. Am 23. November 1933 hielt Stark im Chemischen Institut der Universität Berlin einen Vortrag über «Aufgaben der Naturwissenschaft im Neuen Reich». Eine merkwürdige Rede, die stellenweise einer Schimpfkanonade glich: gegen Planck, der in der Kaiser-Wilhelm-Gesellschaft am Standpunkt festhielt, die Wissenschaft sei international, gegen Laue, der auf der Würzburger Physikertagung die Parallele zwischen Galilei und Einstein gezogen hatte, und gegen den «wissenschaftlichen Formalisten» Heisenberg, der sich erfrecht hatte, gerade jetzt Nobelpreisträger zu werden.

Von Mal zu Mal wurden die Angriffe schärfer. Die Zuversicht, standhalten zu können, gewann Heisenberg *in dem zentralen Bereich der Ordnung*, der als eine höhere geistige Welt turmhoch über derjenigen steht, in der wir leben: In der Musik, bei den alten Philosophen und in seiner Wissenschaft fand Heisenberg die Harmonien, die der Alltag so schmerzlich vermissen ließ. Der Freund Robert Honsell, der im November 1933 Gast in seinem Haus in Leipzig war, berichtet von der allabendlichen Stunde am Klavier. Nur Beethoven hat er damals gespielt. Der Ärger des Tages fiel von ihm ab, und Herz und Verstand wurden wieder frei: Es setzte sich *das Vertrauen in die zentrale Ordnung gegen Kleinmut und Müdigkeit* durch.

Heisenberg vollendete seine dritte große Arbeit über den *Bau der Atomkerne*. Mit der Annahme, daß neben dem Proton nicht das Elektron, sondern das neuentdeckte Neutron als Kern-Bestandteil zu denken ist, brachte er die Kernphysik einen wesentlichen Schritt voran. Nachdem durch die «Kopenhagener Deutung» die Physik der Atomhülle – was die prinzipiellen Probleme betraf – zum Abschluß gekommen war, wurde nun der Atomkern zum bevorzugten Objekt der Forschung. Damit bahnten sich freilich für später neue Verwicklungen mit der Menschenwelt an, und den Physikern wurde die schönste Zuflucht von der Politik, ihre Wissenschaft, geraubt.

Heisenberg blieb nicht bei der Kernphysik stehen, sondern faßte darüber hinaus schon eine Theorie der Elementarteilchen ins Auge. Einen Schlüssel lieferte ihm das Positron, dessen Entdeckung wie die des Neutrons erst vor Jahresfrist bekannt geworden war. Es handelt sich dabei um ein Elementarteilchen, das in allen Eigenschaften mit dem schon lange bekannten Elektron übereinstimmt, nur entgegengesetzte, also positive Ladung trägt. Heisenberg schloß von der Existenz des «positiven Elektrons» auf die symmetrische Struktur des Mikrokosmos. Das war ein wesentlicher Ansatz für die viel spätere *Einheitliche Theorie der Materie*, für das, was populär die *Weltformel* genannt wird: *Hoffentlich finden Sie im Wintersemester von der Politik genug Ruhe, um sich über die positiven Elektronen zu freuen* [106], schrieb er an den alten Lehrer Sommerfeld.

Arnold Sommerfeld, der eine ganze Schule der theoretischen Physik in Deutschland begründet hatte, war zum 31. März 1935 emeritiert worden. Da Sommerfeld im 67. Lebensjahr stand, war das durchaus «legal», aber dennoch unverantwortlich. *Gerade jetzt, wo so viele gute Theoretiker aus Deutschland vertrieben sind, hätten wir Ihre Führung noch so lange notwendig brauchen können. Denn wenn Sie auch in Zukunft für uns Jüngere und die ganze deutsche Atomphysik nach wie vor der Lehrmeister sind, so wird es eben in Zukunft doch eine Stelle weniger geben, an der die Studenten Atomphysik lernen können. Und wieviel gerade die «Schule Sommerfeld» für unsere Wissenschaft bedeutet hat, brauche ich Ihnen nicht zu schreiben. Aber die Politik folgt eben ihren eigenen Gesetzen.*[107]

Am 13. Juni 1935 setzte die Berufungskommission in München auf Platz 1 der Liste Werner Heisenberg zusammen mit Peter Debye. Nach Einspruch des Ministeriums stellte die Kommission am 4. November eine neue Liste mit neun Namen zusammen, die wiederum von Heisenberg angeführt wurde.[108] *Daß Sie mich als Nachfolger haben wollen, ist sehr nett von Ihnen, und ich werde mir sehr Mühe geben, die Tradition der «Schule Sommerfeld» aufrecht zu erhalten, wenn das Schicksal mich an diese Stelle setzen sollte.*[109]

In einem schnell hingeschriebenen Privatbrief lassen sich nicht immer alle Worte gebührend abwägen. Der Entschluß der Kommission, trotz Einspruch des Ministeriums an Heisenberg festzuhalten, hatte mit «Nettigkeit» nicht das mindeste zu tun; es war die Entschlossenheit, akademische Freiheit und Selbstverwaltung auch dem totalen Staat gegenüber zu verteidigen und sich in die Besetzung von Lehrstühlen nicht hineinreden zu lassen.

Die Entscheidung sollte erst nach langem Kampfe fallen. So sehr Heisenberg es wünschte, nach München berufen zu werden: schließlich wäre es ihm doch lieber gewesen, Sommerfeld hätte nie an ihn als seinen Nachfolger gedacht. Die Besetzung des Münchner Lehrstuhls rückte ihn in den Mittelpunkt des Streites mit der kleinen, politisch protegierten Gruppe von wissenschaftlichen Außenseitern um Lenard und Stark, die eine seltsame «Deutsche Physik» vertraten. Die Auseinandersetzungen überschatteten viele Jahre lang sein Leben.

Was ist die «Deutsche Physik»? Kurz gesagt: die Ideologie des Dritten Reiches auf dem Gebiete der Naturforschung. Gegen die moderne Physik (in deren Mittelpunkt Quanten- und Relativitätstheorie stehen) wollten Lenard und Stark eine Physik aufbauen, in der diese Theorien keine Geltung haben. Etwas Neues zu schaffen vermochten sie freilich nicht. Ihre «Deutsche Physik» war die alte Physik des 19. Jahrhunderts, wie sie sie in ihrer Jugend gelernt hatten, erweitert um einige neue Erfahrungstatsachen (die aber im Rahmen der «Deutschen Physik» nicht erklärt werden konnten).

Am 13. und 14. Dezember 1935 versammelten sich die Vertreter der «Deutschen Physik» in Heidelberg, im großen Hörsaal des «Physikalischen und Radiologischen Institutes», das nun auf den Namen «Philipp

Lenard-Institut» geweiht wurde. Die Festrede hielt Johannes Stark als, wie Lenard sagte, «mir geistig nächstverwandter und lange schon befreundeter Physiker»[110]. Damit war das Kesseltreiben gegen die theoretische Physik eröffnet mit dem Ziel, die Berufung Heisenbergs zu verhindern: «Einstein ist heute aus Deutschland verschwunden... Aber leider haben seine deutschen Freunde und Förderer noch die Möglichkeit, in seinem Geiste weiterzuwirken. Noch steht sein Hauptförderer Planck an der Spitze der Kaiser-Wilhelm-Gesellschaft, noch darf sein Interpretor und Freund, Herr v. Laue, in der Berliner Akademie der Wissenschaften eine physikalische Gutachterrolle spielen, und der theoretische Formalist Heisenberg, Geist vom Geiste Einsteins, soll sogar durch eine Berufung ausgezeichnet werden.»[111]

Die Polemik wurde im «Völkischen Beobachter» fortgesetzt. Mit langen Zitaten aus der Rede Starks erschien am 29. Januar 1936 ein Artikel mit der Schlagzeile «Deutsche und jüdische Physik».[112]

Heisenberg konnte nun nicht mehr schweigen. Nach diesem Aufsatz im «Kampfblatt der nationalsozialistischen Bewegung Großdeutschlands» drohte der modernen theoretischen Physik die parteioffizielle Verfemung. Zwar war diese mit Quanten- und Relativitätstheorie der sogenannten «Deutschen Physik», wissenschaftlich gesehen, unvergleichlich überlegen. Im Dritten Reich aber – wo häufig gerade das Absurdeste und Gemeinste Wirklichkeit wurde – mußte man damit rechnen, daß die Physik Lenard-Starkscher Prägung zur weltanschaulich richtigen und deshalb einzig erlaubten Denkrichtung erklärt werden würde.

Im Verein mit Max Wien und Hans Geiger gelang es Heisenberg, den Auftrag zur Abfassung einer «Denkschrift» zu erhalten. 75 Professoren unterschrieben das Memorandum. *Die Physik in Deutschland befindet sich zur Zeit in einer schweren Krise. Einem großen Bedarf an Physikern in Technik und Heer steht ein Mangel an geeignetem Nachwuchs gegenüber. Die Besetzung freigewordener Lehrstühle begegnet oft großen Schwierigkeiten, und die Anzahl der Physikstudierenden in den jüngsten Semestern ist viel zu gering. Diese ... Gefahren werden noch vermehrt durch die genannten Angriffe ... Denn sie schrecken die Studenten allgemein vom Studium der Physik ab, insbesondere aber die Physikstudenten vom Studium der theoretischen Physik ... Schließlich schädigen diese Angriffe das Ansehen der deutschen Wissenschaft im Auslande erheblich, wie verschiedene Aufsätze in der Fachpresse und der Tagespresse des Auslandes beweisen.*[113]

Der politische Kampf kostete viel Zeit. Und das Ergebnis aller Mühe war doch nur, bestenfalls, eine kleine Atempause. Wissenschaftliche Arbeit und Lehrtätigkeit mußten wie gewohnt weiterlaufen. Im Semester gab es jeden Dienstagnachmittag von drei bis fünf das «Seminar über die Struktur der Materie», das im Vorlesungsverzeichnis immer unter «Heisenberg mit Hund» angekündigt war. Daran schloß sich von halb sechs bis sieben das Physikalische Kolloquium mit Peter Debye. Mit Friedrich Hund teilte Heisenberg sich die Vorlesungen; abwechselnd übernahmen sie den Grundkurs über theoretische Physik. So blieb genug Zeit für Spezialkollegs, wie «Einführung in die Quanten- und Wellenmechanik». Im Wintersemester 1935/36 gab es so auch eine Vorlesung über die «Theorie des Atomkernes», die für Heisenberg selbst bald große Bedeutung gewinnen sollte.

Im Kreis der jungen Menschen in seinem Institut, für die er verantwortlich war, konnte er die Politik vergessen, und es gab viele glückliche Stunden. Erich Bagge erinnert sich an Wanderungen ins Erzgebirge, bei denen am Lagerfeuer unbeschwert diskutiert und erzählt wurde. Einmal fragte Heisenberg jeden danach, wie er zur Physik gekommen sei, und berichtete auch selbst; ein andermal schlich sich die ganze Gruppe unbemerkt über die tschechische Grenze.[114] Wieder und wieder aber brach die Politik in die friedliche Welt der Leipziger Physiker ein. Oft glaubte Heisenberg über der Sinnlosigkeit allen Bemühens fast verzweifeln zu müssen. Die regelmäßigen Besuche bei Niels Bohr in Dänemark waren für ihn eine geistige Erholung: *An die schöne Zeit in Kopenhagen denk' ich noch sehr gern, und ich danke Dir und Euch allen herzlich für Eure Gastfreundschaft. Die Beschäftigung mit der Physik ist ja in den letzten Jahren bei uns etwas sehr einsames geworden, und es ist deshalb immer ein großes Fest, wenn wir in Deinem Kreis wieder für ein paar Tage an dem vollen Leben der Wissenschaft teilhaben können.*[115]

Bei Bohr trafen sich die jungen theoretischen Physiker aus vielen Ländern der Erde: sie bildeten eine verschworene Gemeinschaft. Noch ahnten sie nicht, daß gerade ihre herrliche Physik in dem politischen Gewitter, das über der Welt aufzog, die gefährlichsten Blitze liefern sollte. Noch arbeiteten sie alle miteinander: Bohr und Heisenberg, Victor F. Weisskopf und Carl Friedrich von Weizsäcker, Edward Teller und Otto Robert Frisch. «Wissen ist Macht» hatte schon Francis Bacon gesagt, und nirgendwo sollte sich das mehr bestätigen als auf dem Gebiete der Kernphysik. Nach Ausbruch des Zweiten Weltkriegs arbeiteten die einen – Weisskopf, Teller, Frisch – am «Manhattan Project», der amerikanischen Atombombenentwicklung, und die anderen – Heisenberg und Weizsäcker – im deutschen Konkurrenzunternehmen, dem sogenannten «Uran-Verein».

Mitte der dreißiger Jahre dachte noch kein Gelehrter an einen möglichen Mißbrauch. Gerade für die deutschen Physiker war die Wissenschaft das Paradies, in das sie sich retteten, um nicht im Sumpf des Nationalsozialismus unterzugehen.

Die Lage in Deutschland versetzte Heisenberg in immer tiefere Depression. An Bohr, der eine Reise nach Japan vorhatte, schrieb er am 11. Januar 1937: *Bis zu Deiner Rückkehr kann sich der Zustand der Welt wieder sehr geändert haben, und ich wage kaum mehr, für mehr als ein paar Wochen vorauszurechnen.*[116]

Heisenberg war 35 Jahre alt. Der weltberühmte Nobelpreisträger stand auf Tagungen, in der Universität, auf Gesellschaften, überhaupt überall dort, wo Menschen zusammenkamen, im Mittelpunkt der Aufmerksamkeit. Trotzdem empfand er oft *unendliche Einsamkeit*[117].

In seiner Autobiographie hat Heisenberg geschildert, wie ihm zumute war, als er an einem *grauen, kalten Vormittag im Januar 1937 ... auf den Straßen der Leipziger Innenstadt Winterhilfsabzeichen zu verkaufen hatte*[118]. Aber an eben diesem Tag war er abends zur Kammermu-

Elisabeth und Werner Heisenberg mit Niels Bohr

sik in das Haus des Verlegers Bücking eingeladen. In *meinem schlechten Zustand fühlte ich mich den Anforderungen eines solchen Abends
nicht gewachsen, und ich war daher froh zu sehen, daß der Kreis der Besucher nur klein war. Eine der jungen Zuhörerinnen, die zum ersten
Mal im Hause Bücking verkehrte, konnte schon bei unserem ersten Gespräch die Ferne überbrücken, in die ich an diesem merkwürdigen Tag
geraten war. Ich spürte, wie die Wirklichkeit mir wieder näher rückte,
und der langsame Satz des Trios wurde von meiner Seite schon eine
Fortsetzung des Gesprächs mit dieser Zuhörerin.*[119]

Das junge Mädchen arbeitete im Leipziger Buchhandel. In den nächsten Tagen und Wochen sprachen und musizierten beide viel miteinander. Elisabeth Schumacher sang, und Werner Heisenberg begleitete sie
am Klavier. Am Ende des Semesters fuhr neben dem Assistenten Hans
Euler auch Elisabeth Schumacher mit zur Mutter nach München und
dann weiter zur Himmelmoosalm. Vom Brünnsteinhaus erhielt Niels
Bohr eine Ansichtskarte: *Ich habe mich verlobt und will im April hei-
raten. Meine Braut ist, wie Du siehst (aus der Unterschrift) mit auf der
Hütte. Wir haben den herrlichsten Sonnenschein und für den Abend
drei Flaschen Portwein.*[120]

Wieder in Leipzig berichtete Heisenberg dem älteren Freund: *Wenn
Du inzwischen meine Karte von der Skihütte bekommen hast, so weißt
Du, daß sich in meinem Leben jetzt viel verändern wird ... Meine zu-*

künftige Frau ist die Tochter eines Professors der Nationalökonomie in Berlin und heißt Elisabeth Schumacher. Sie ist noch sehr jung, erst zweiundzwanzig Jahre alt, aber unsere Stellung in den wesentlichsten Fragen ist so gemeinsam, daß alles wohl sehr gut gehen wird. Ich hab' manchmal etwas Angst, wie sich eine Ehe mit der Arbeit in der Physik vereinigen läßt, aber Dein Beispiel hat mir dabei mehr als vieles andere Mut gemacht. Ich glaube auch sicher, daß Euch meine zukünftige Frau gut gefallen wird.[121]

Von allen Seiten kamen herzliche Gratulationen. Aus Zürich schrieb Wolfgang Pauli: «Zuerst hörte ich die frohe Kunde Deiner Verlobung von Sommerfeld (der vor einigen Tagen durch Zürich kam), dann kam die gedruckte Anzeige und dann erschien noch Herr Euler. Erleichtert atmen Deine Freunde auf und einer sagt dem anderen dasselbe Wort: ‹Endlich!› Als Du mir einmal schriebst, es sei Dir vorigen Frühling nicht gut gegangen (wohl infolge Überarbeitung), da hatte ich mir fest vorgenommen, sobald ich Dich wiedersehe, Dir zu sagen, daß in manchen Situationen am besten eine Frau helfen könne. Ich freue mich, daß es durch die inzwischen eingetretenen Ereignisse überflüssig geworden ist, daß ich das näher ausführe. Meine Frau und ich wünschen Dir und Deiner Braut das Allerbeste für die Zukunft, zunächst eine baldige Heirat und dann, daß bald München Euer ständiges Domicil sein möge.»[122]

Bis zur Übersiedlung nach München sollten noch mehr als zwanzig Jahre vergehen; aber der erste Wunsch des Freundes erfüllte sich. Hochzeit war am 29. April 1937 in Berlin-Steglitz. Hier wohnten, in der Schillerstr. 8, die Eltern der Braut. Heisenbergs Schwiegervater, Geheimrat Hermann Schumacher, war Ordinarius an der Universität Berlin und ein vielgereister Mann. 1906 hatte er als erster deutscher Universitätslehrer eine Austausch-Professur an der Columbia University in New York innegehabt. Mit dem neuen Schwiegersohn gab es eine Fülle von Gemeinsamkeiten, und der Geheimrat war nicht wenig stolz auf den Nobelpreisträger, den sich seine Tochter, wie sie selbst sagte, «ersungen» hatte.

Wie es sich für einen jungen Ehemann gehört, hat Werner Heisenberg die Welt wieder optimistischer betrachtet: Es scheint mir nun auch sicher, daß ich im Laufe dieses Jahres nach München übersiedeln soll.[123] Auf Betreiben von Anhängern der «Deutschen Physik» wurde aber der «Fall Heisenberg» dem Reichsdozentenführer in Berlin vorgelegt. Dieser lehnte am 14. Juli 1937 kategorisch «im Einvernehmen mit dem Stellvertreter des Führers eine Berufung Heisenbergs nach München unter allen Umständen» ab.[124]

Gleichzeitig eröffnete Stark einen neuen Angriff von ungewöhnlicher Vehemenz. Im «Schwarzen Korps», der Zeitschrift der SS, wurde Heisenberg mit den ärgsten Schimpfworten geschmäht, die im damaligen Nazi-Jargon zur Verfügung standen, als «Ossietzky der Physik» und «Weißer Jude», das heißt «nicht Rassejude an sich», wohl aber «Geistesjude, Gesinnungsjude oder Charakterjude»: «Dieser Statthalter des Einsteinschen ‹Geistes› im neuen Deutschland wurde im Alter von 26 Jahren als Musterzögling Sommerfelds Professor in Leipzig, in einem Alter also, das ihm kaum Zeit geboten hatte, gründliche Forschungen

Mit dem alten Lehrer Sommerfeld

zu betreiben. Er begann seine Tätigkeit, indem er den deutschen Assistenten seines Instituts entließ und dafür erst den Wiener Juden Beck, dann den Züricher Juden Bloch einstellte. Sein Seminar war bis 1933 vorwiegend von Juden besucht, und der engere Kreis seiner Hörer setzt sich auch heute noch aus Juden und Ausländern zusammen.»[125]

In diesem Stil geht es weiter; eine ganze Zeitungsseite voll Injurien: «1933 erhielt Heisenberg den Nobelpreis zugleich mit den Einstein-Jüngern Schrödinger und Dirac – eine Demonstration des jüdisch beeinflußten Nobelkomitees gegen das nationalsozialistisch gesinnte Deutschland, die der ‹Auszeichnung› Ossietzkys gleichzusetzen ist... Heisenberg ist nur ein Beispiel für manche andere. Sie allesamt sind Statthalter des Judentums im deutschen Geistesleben, die ebenso verschwinden müssen wie die Juden selbst.»

Nun wußte Heisenberg, was die Stunde geschlagen hatte. «Nichts erhellt besser die Rolle, die Willkür und persönliche Beziehungen in der Nazi-Diktatur spielten», schrieb der amerikanische Historiker Alan Beyerchen, «als der erste Schritt, den Heisenberg nun unternahm: Seine Mutter ging zu Himmlers Mutter.»[126] Zwischen den Familien hatte es früher eine lose Verbindung gegeben, denn Heisenbergs Großvater Nikolaus Wecklein und Himmlers Vater waren als Gymnasialprofessoren in München Kollegen gewesen.

Auf dem Bodensee

Auf den Rat seiner Mutter wandte sich Heisenberg am 21. Juli 1937 direkt an den Reichsführer SS: *Ich muß um eine grundsätzliche Entscheidung bitten: Wenn die Ansichten des Herrn Stark mit denen der Regierung übereinstimmen, werde ich selbstverständlich um meine Entlassung bitten. Wenn das aber nicht der Fall ist, wie mir vom Reichserziehungsministerium ausdrücklich versichert wurde, dann bitte ich Sie als Reichsführer der SS um einen wirksamen Schutz gegen solche Angriffe in der Ihnen unterstellten Zeitung.*[127]

Eine Reihe von treuen Freunden unterstützte ihn. Friedrich Hund beschwerte sich beim vorgesetzten Minister Bernhard Rust: «Der Aufsatz enthält neben Beleidigungen von Planck und Sommerfeld ganz schwere Schmähungen meines Kollegen W. Heisenberg... Stark bekämpft so eine von ihm für abwegig gehaltene Forschungsrichtung der Physik, an der Planck und Heisenberg hervorragend beteiligt sind, und die wir anderen Physiker als sehr wesentlich ansehen dadurch, daß er sie für jüdisch erklärt, und dadurch, daß er an Unanständigkeit kaum zu überbietende Beleidigungen Heisenbergs unterstützt.»[128]

Mehrere Stellen untersuchten nun den Fall: das «Reichsministerium für Erziehung, Wissenschaft und Volksbildung» und das Büro des Reichsführers SS. Mehrfach berichtete Heisenberg an Sommerfeld nach München: *Es steht einstweilen alles recht schlecht. Am unangenehmsten ist mir, daß ich nicht weiß, was geschehen wird; ob ich hier bleibe oder nicht. Wenn die Versetzung jetzt nicht erfolgt, ist ja auch mit Sicherheit anzunehmen, daß Stark von Neuem stänkern wird. Eine gute Gelegenheit wird ihm dadurch gegeben werden, daß, wie ich läuten hörte, Born ausgebürgert werden soll, weil er sich feindlich gegen das jetzige Deutschland geäußert habe... Der erfreulichste Teil ist für uns augenblicklich der kleine Kreis der Familie: die beiden Kleinen wachsen und gedeihen, auch meiner Frau geht es wieder vollständig gut.*[129]

Anfang 1938 waren die Zwillinge Wolfgang und Maria geboren worden, und das Damoklesschwert hing nun über der jungen Familie. Das monatelange Warten zermürbte: *Seit meinem letzten Brief hat sich leider die Lage unserer Angelegenheit weiter verschlimmert... Nun sehe ich eigentlich keine andere Möglichkeit, als um meine Entlassung zu bitten, wenn mir der Schutz meiner Ehre hier versagt wird... Daß es mir sehr schmerzlich wäre, aus Deutschland fortzugehen, wissen Sie; ich möchte es nicht tun, wenn es nicht unbedingt sein muß.*[130]

Die Entscheidung über die Nachfolge Sommerfelds blieb weiter unentschieden. Sommerfeld, der längst emeritiert war, vertrat sich weiter selbst und hielt wie seit über dreißig Jahren die Vorlesungen über theoretische Physik. «Die Politik meiner intimsten Feinde, Giovanni Fortissimo und Leonardo da Heidelberg, die mir Heisenberg nicht als Nachfolger gönnen wollen, zwingt mich, mein Amt weiter zu versehen und meine jetzt kleine Herde zu betreuen», schrieb er an Albert Einstein: «Die Zukunft sieht trübe aus für die deutsche Physik.»[131]

Endlich, am 21. Juli 1938, genau ein Jahr nach der Interpellation Heisenbergs, antwortete Heinrich Himmler: «Ich habe, gerade weil Sie mir durch meine Familie empfohlen wurden, Ihren Fall besonders korrekt und besonders scharf untersuchen lassen. Ich freue mich, Ihnen heute mitteilen zu können, daß ich den Angriff des Schwarzen Korps durch seinen Artikel nicht billige, und daß ich unterbunden habe, daß ein weiterer Angriff gegen Sie erfolgt.» Im Postskriptum des im ganzen erstaunlich freundlichen Briefes vom 21. Juli 1938 wurde Heisenberg aber doch noch ein Rüffel erteilt: «Ich halte es allerdings für richtig, wenn Sie in Zukunft die Anerkennung wissenschaftlicher Forschungsergebnisse von der menschlichen und politischen Haltung des Forschers klar vor Ihren Hörern trennen.»[132]

Noch am selben Tag informierte der Reichsführer SS seinen engsten Mitarbeiter Reinhard Heydrich: «Ich bitte Sie ... den ganzen Fall sowohl beim Studentenbund als auch bei der Reichsstudentenführung zu klären, da ich ebenfalls glaube, daß Heisenberg anständig ist, und wir es uns nicht leisten können, diesen Mann, der verhältnismäßig jung ist und Nachwuchs heranbringen kann, zu verlieren oder tot zu machen... Wüst soll dann versuchen, mit Heisenberg Fühlung aufzunehmen, da wir ihn für das Ahnenerbe, wenn es einmal eine totale Akademie werden soll, vielleicht brauchen können und den Mann als guten Wissenschaftler zu einer Zusammenarbeit mit unseren Leuten von der Welteislehre bringen können.»[133]

Tatsächlich sollte Heisenberg bald dringend gebraucht werden, freilich nicht zu solchen Kindereien wie der «Welteislehre».

Zum Ordinarius für theoretische Physik an der Universität München aber wurde ein gewisser Wilhelm Müller ernannt. Sommerfeld, der sich in berechtigtem wissenschaftlichem Stolz den besten Nachfolger gewünscht hatte, erhielt den «denkbar schlechtesten». «Die Berufung dieses Mannes muß als völlig sinnlos angesehen werden», schrieb Ludwig Prandtl, «wenn man nicht etwa den Sinn darin sehen will, daß zerstört werden soll.»[134]

München war nur ein Beispiel für die nationalsozialistische Wissenschaftspolitik. *Auch von anderen Stellen hörte ich ungünstige Nachrichten. Sauter schrieb mir, daß sein Bleiben in Königsberg zweifelhaft sei, da ihn irgendjemand ... als politisch unzuverlässig verleumdet habe. Es ist wirklich schade, daß man in einer Zeit, in der die Physik so wunderbare Fortschritte macht und in der es wirklich Spaß macht, daran mitzuarbeiten, immer wieder mit diesen politischen Dingen zu tun bekommt.*[135]

Zu den «wunderbaren Fortschritten» gehörte die Ende 1938 entdeckte Spaltung des Uranatoms in zwei etwa gleichgroße Bruchstücke; bisher hatte man immer nur eine Verwandlung in die Nachbarelemente registrieren können. Schon im Februar 1939 wurden die Entdecker Otto Hahn und Fritz Straßmann von Heisenberg nach Leipzig eingeladen, um dort in seinem Kolloquium über die *schönen und aufregenden Uran-Untersuchungen vorzutragen*[136].

Solcherart «wunderbare Fortschritte» der Physik waren die Ursache, daß Heisenberg schon bald wieder mit «diesen politischen Dingen» zu tun bekommen sollte; diesmal aber ging es nicht um die theoretische Physik, sondern um Weltgeschichte. In vielen Instituten wurden die Hahnschen Versuche wiederholt. Dabei zeigte sich, daß bei dem Spaltvorgang eine beträchtliche Energiemenge freigesetzt wird, und weiter, daß bei dem von Neutronen ausgelösten Prozeß selbst wieder Neutronen entstehen. Danach sollte es möglich sein, im Uran eine Kettenreaktion in Gang zu setzen, einen Prozeß, der dann als Energiequelle alles bisher Dagewesene millionenfach übertreffen mußte. Im Prinzip war das ein Kraftwerk von phantastischer Leistungsfähigkeit oder – ein Sprengstoff von unerhörter Gewalt.

Durch ihre erfolgreiche Arbeit zogen die Gelehrten die Aufmerksamkeit der machthungrigen Welt auf die Physik. Die prüfenden Blicke des Heereswaffenamtes richteten sich auf das letzte, heimliche Paradies, das den deutschen Physikern im totalen Staat geblieben war: ihre wunderbare Wissenschaft.

Er war ein Mann . . .

... von beträchtlichem Vermögen, und das bezieht sich sowohl auf seine materielle Habe wie auf seine geistigen Gaben.

Nach seinem Studium (Jura und Mathematik) reiste er zunächst einmal ein wenig durch Frankreich und England, ehe er Ratsherr in seiner deutschen Heimatstadt wurde. Wenige Jahre später wurde er zum Bauherrn der Stadt ernannt, was sich als trauriges Amt erwies: Einige Monate später eroberte Tilly die Stadt und zerstörte sie.

Der Rats- und Bauherr schloß sich als Ingenieur den gegnerischen Schweden an und wurde bald Quartiermeister Gustav Adolfs. Als der Krieg zu Ende ging, kehrte er in die Heimatstadt zurück und wurde Bürgermeister. All das und auch sein Verhandlungsgeschick bei den Friedensverhandlungen in Osnabrück oder auf dem Reichstag zu Regensburg haben ihn nicht so berühmt gemacht wie seine physikalischen Versuche.

Dank seines großen Vermögens konnte er es sich leisten, buchstäblich Nichts zu produzieren. In diese Versuche steckte er nach und nach 50 000 Mark, für damalige Verhältnisse eine ungeheure Summe. Und er schaffte es. Seine eindrucksvolle Vorführung des «Nichts» vor dem Großen Kurfürsten samt Hofstaat ist in einem bekannten Kupferstich festgehalten. Weniger bekannt ist, daß er auch ein Manometer und ein Barometer erfand und sich erfolgreich mit Wettervorhersagen abgab. Überdies erfand er die erste Elektrisiermaschine, war sich aber der Bedeutung dieser Entdeckung nicht bewußt.

Er war fast 80 Jahre alt, als er sich von seinen Ämtern und Versuchen zurückzog, um in Hamburg noch ein paar Jahre zu leben. Von wem war die Rede?

(Alphabetische Lösung: 7–21–5–18–9–3–11–5)

Mitte August 1939 war Heisenberg mit seiner Frau und den drei Kindern nach Urfeld am Walchensee gekommen, um hier das neu erworbene Ferienhaus einzurichten. *Das Haus war im Besitz des Malers Lovis Corinth gewesen, und ich kannte den Blick von der Terrasse schon aus seinen Walchenseelandschaften.*[137]

Die Zwillinge waren jetzt eineinhalb Jahre und das jüngste Kind, Jochen, gerade drei Monate alt. *Als ich am Morgen des 1. September von unserem Hang hinunter zur Post ging, um Briefe abzuholen, trat der Wirt des Hotels «Zur Post» auf mich zu mit den Worten: «Wissen's scho, daß der Krieg gegen Polen ausbrochen is?»*[138]

Ein Einberufungsbefehl rief Heisenberg ins Heereswaffenamt nach Berlin. Zunächst aber fuhr er nach Leipzig, und hier berichtete ihm sein Assistent Erich Bagge: Im Heereswaffenamt werde ein Programm zur «Nutzbarmachung der Kernspaltung» erörtert, bei dem man seinen Rat benötige. Heisenberg erinnerte sich, daß Lord Rutherford einst mit angelsächsischem Skeptizismus jeden Gedanken an eine technische Ausnutzung der Atomenergie als «dog's moonshine» abgetan hatte. Nun war, durch Hahns Entdeckung, diese «Spinnerei» plötzlich ein ernsthaftes physikalisches Problem. Das mußte Heisenberg lebhaft interessieren.

Am 26. September, vormittag 10 Uhr, begann die entscheidende Besprechung im Heereswaffenamt in Berlin.[139] Oberst Erich Schumann hielt einen kleinen Vortrag. Es werde ja nun von einigen Wissenschaftlern die Frage der Gewinnung von Atomenergie diskutiert; jetzt, da sich das Deutsche Reich im Kriege befinde, sei es wichtig, gegen alle Eventualitäten gewappnet zu sein. Man müsse daher prüfen, ob eine technische Verwertung der Uranspaltung möglich sei. Auch eine negative Antwort sei von Wert, weil man dann jedenfalls wisse, daß man nicht vom Ausland überrascht werden könne. Die Herren Wissenschaftler habe man hierher gebeten, um mit ihnen zu besprechen, wie diese Aufschlüsse zu gewinnen seien. Dieses und ähnliches sagte der Oberst. Heisenberg erinnert sich, daß das gesteckte Ziel defensiv formuliert war.

Was war nun das konkrete Ergebnis der Sitzung? *Da wurde einfach gesagt: Also, jetzt müssen die einzelnen Physiker in ihrem Institut gewisse Experimente machen. Ich bekam z. B. den Auftrag: «Überlegen Sie sich doch mal, ob Sie überhaupt glauben, daß unter den jetzt bekannten Gegebenheiten ... eine Kettenreaktion überhaupt möglich ist, und wenn ja, dann schreiben Sie doch bitte auf, wie Sie sich das denken.*[140] Schon nach zwei Monaten war Heisenberg in der Lage, «aufzuschreiben, wie er sich das mit der Kettenreaktion dachte»:

In den beiden Arbeiten über *Die Möglichkeit der technischen Energiegewinnung aus der Uranspaltung* vom 6. Dezember 1939 und 10. Februar 1940 finden sich bereits die wichtigsten Grundzüge dessen, was man heute die «Reaktortheorie» nennt. *Damals kannte man den Begriff «Atomreaktor» noch nicht ... aber es lief nach kurzer Zeit darauf hinaus auf die Frage: «Wie kann man einen Atomreaktor bauen und wie sieht der aus.»*[141]

Heisenbergs Hauptinteresse galt stets den prinzipiellen, den philosophischen Problemen der Physik. «Umsomehr haben seine Mitarbeiter stets bewundert», konstatierten Wolf Häfele und Karl Wirtz, «daß es ihm scheinbar mühelos möglich war, sich auf einem Nebengebiet wie der Reaktortheorie so rasch und umfassend einzuarbeiten und für viele Jahre zum führenden Kopf für die ganze Entwicklung auf diesem Gebiet in Deutschland zu werden.»[142]

Parallel zum wissenschaftlichen Fortschritt wurde der organisatorische Rahmen für das «Uran-Projekt» geschaffen. Das Heereswaffenamt beschlagnahmte das Kaiser-Wilhelm-Institut für Physik in Berlin-Dahlem. Der bisherige Direktor Peter Debye – der in Leipzig acht Jahre Heisenbergs Kollege gewesen war – wurde vor die Wahl gestellt, entweder seine holländische Staatsangehörigkeit oder sein Amt aufzugeben. Debye ließ sich beurlauben, um in den USA eine Gastprofessur anzunehmen, kehrte aber nicht mehr nach Deutschland zurück.

Am Institut fanden eine Reihe von jüngeren Physikern Arbeitsplätze, darunter Carl Friedrich von Weizsäcker und Fritz Bopp. Die an dem Projekt beteiligten Professoren Paul Harteck (Hamburg) und Walther Bothe (Heidelberg) behielten ihre bisherigen Universitätsstellungen und kamen nur zeitweise nach Berlin.

Auch Heisenberg blieb Ordinarius in Leipzig und hielt dort in gewohnter Weise seine Vorlesungen. Nachdem sich schon 1933 die Zahl der Mitarbeiter erheblich vermindert hatte, schrumpfte der Kreis nun nach Ausbruch des Krieges noch weiter.

In Leipzig führte Heisenberg zusammen mit Robert Döpel wichtige experimentelle Untersuchungen für das Uran-Projekt durch. 1941 wurde die Vorform eines Atomreaktors aufgebaut. *Die Leipziger Versuche ... wurden dadurch besonders wichtig, daß sie schließlich zum erstenmal positive Neutronenproduktions-Koeffizienten ... ergaben und damit die Möglichkeit selbständig arbeitender energieliefernder Uranbrenner bewiesen.*[143]

Mittlerweile war in Berlin-Dahlem zwischen den Kaiser-Wilhelm-Instituten für Physik und Biologie ein eigenes Laboratorium errichtet worden. Das Gebäude erhielt aus Gründen der Tarnung, und um neugierige Besucher abzuschrecken, den Namen «Virus-Haus». Das physikalische Institut in Dahlem mit dem Virus-Haus war das Herzstück des deutschen Uran-Projektes. Deshalb nannte auch der Historiker David Irving seinen Tatsachenbericht «Der Traum von der deutschen Atombombe» im englischen Original «The Virushouse».

Nach dem Ausscheiden Debyes wurde Dr. Kurt Diebner kommissarischer Direktor. Die wissenschaftliche Hauptleitung des Instituts – und damit des deutschen Atomenergieprojektes – aber lag in den Händen von Werner Heisenberg. Er hatte sich nach dieser Aufgabe nicht gedrängt – zumal er weiter für sein Leipziger Institut verantwortlich blieb –, aber sie war ihm durch seine geistige Überlegenheit und seine Persönlichkeit wie von selbst zugefallen.

Von den Kollegen aus den alliierten Ländern, und vor allem von den Emigranten, ist es Heisenberg sehr verübelt worden, daß er sich dem Uranprojekt zur Verfügung gestellt hat. «Die meisten deutschen Wis-

Das Kaiser-Wilhelm-Institut für Physik in Berlin-Dahlem

senschaftler haben mit den Nazis gemeinsame Sache gemacht», schrieb Max Born an Einstein, «sogar Heisenberg hat mit aller Kraft für diese Verbrecher gearbeitet.»[144]

Aus welchen Motiven hat sich Heisenberg dem Projekt zur Verfügung gestellt? Darauf ist zunächst zu sagen, daß er mit einem Einberufungsbefehl zum Heereswaffenamt kommandiert worden ist. Zur Mitarbeit kam er also durch den Mechanismus des militärischen Befehls und Gehorsams. Die Physiker, die am 26. September 1939 mit ihrem Soldatenköfferchen in der Hand durch das Tor des Hauses Hardenbergstr. 20 marschierten, standen bereits im Dienst der Kriegsführung. Verständlich, daß sie sich (den Umständen gemäß) glücklich schätzten, nicht an die Front, sondern zur Physik kommandiert zu werden. Der Pferdefuß kam erst später zum Vorschein.

Auch Heisenberg hat sich wohl sehr erleichtert gefühlt, nicht in die Welt der Soldaten und des Krieges gestoßen zu werden, sondern weiter bei seiner Wissenschaft und in seinem Gedankenkosmos bleiben zu können.

Die wissenschaftliche Faszination war sicher ein ganz wesentliches Motiv. Heisenberg ist gefragt worden, ob ihn «nicht die reine Neugier» gereizt habe, «ein solches Projekt zu verwirklichen, ähnlich wie Oppenheimer [der Vater der amerikanischen Atombombe] einmal gesagt hat, alle Dinge, die ‹technically sweet› [technisch verlockend] sind, müssen einen Physiker reizen»? *Selbstverständlich ist jeder Physiker in dieser*

Versuchung. Die Frage ist immer, was die anderen Komponenten seines Gewissens dazu sagen.[145]

Wahrscheinlich hat auch der Kampf um die Rehabilitierung der Quantentheorie und der Relativitätstheorie eine Rolle gespielt. Die Entscheidung für oder gegen die «Deutsche Physik» war ja noch immer in der Schwebe geblieben: Heisenberg sah nun eine Möglichkeit, zu beweisen, was die moderne theoretische Physik tatsächlich leisten konnte.

Der rasche Fortschritt, den sie mit ihrem «U-Projekt» erzielten, wurde den deutschen Physikern aber bald unheimlich. Bisher hatten sie sich damit beruhigt, daß der eigentliche Atomsprengstoff, das Uran 235, im natürlich vorhandenen Uran nur zu 0,7 Prozent vorhanden ist und daß die Anreicherung des Isotops einen ungeheuren technischen Aufwand erfordern würde. Aber nun zeigte sich die Alternative Plutonium ... *Wir waren in Deutschland wegen dem Uran 235 gar nicht beunruhigt, weil wir sagten, das ist ein Riesenaufwand, den sich im Krieg kein Mensch mehr leisten kann. Das ist keine Gefahr. Dagegen der Weg übers Plutonium, da sagten wir, das ist etwas, da kann man was machen. Das ist gefährlich.*[146]

Mitte 1941 verdichtete sich die Vermutung: Atomreaktoren wird man garantiert machen können. Wir waren noch nicht ganz sicher, aber wir merkten, daß das so wird. Das hat insbesondere Weizsäcker und mich damals tief beunruhigt. Wir sagten, wenn man Atomreaktoren bei uns machen kann, dann kann man es erst recht in Amerika. Wenn man Atomreaktoren machen kann, dann kann man wahrscheinlich Sprengstoff machen, wenn man Sprengstoff machen kann usw. Wir sahen eigentlich vom September '41 eine freie Straße zur Atombombe vor uns.[147]

Heisenberg empfand die *Vorstellung, Hitler Atombomben in die Hand zu geben, gräßlich*[148]. Ebenso wie er damals, im Jahre 1933, in schwieriger, ausweglos erscheinender Lage von Leipzig nach Berlin zu Max Planck gefahren war, um sich Rat zu holen, empfand er jetzt wieder das Bedürfnis, sich über das Problem, das ihn bedrückte, mit einem ihm nahestehenden Menschen auszusprechen. *Zu Bohr als einem der führenden Atomphysiker hatten wir* (v. Weizsäcker, Jensen und ich) *unbegrenztes Vertrauen ...*[149] *Jensen war ja auch ein guter Freund von Niels Bohr und fand, wir müssen Bohr menschlich zu Rate ziehen. Sollen wir in Deutschland nun versuchen, überhaupt einfach aus der ganzen Sache herauszukommen, und dann sagen, möge an der Sache weiter arbeiten, wer will, aber nicht wir. Oder sollen wir versuchen, das Ganze einfach in der Hand zu behalten und zusehen, daß da nichts passiert, oder was soll man überhaupt machen.*[150]

So fuhr Heisenberg im September 1941 nach Kopenhagen zu Bohr mit der Frage, *ob ein Physiker das moralische Recht habe, an Atomproblemen im Krieg zu arbeiten*[151]. Wie es Hans D. Jensen ausgedrückt hat, ging Werner Heisenberg, der «Hohepriester der deutschen theoretischen Physik», zu Niels Bohr, dem «Papst», um sich dort Absolution zu holen. Dieses vielzitierte Wort ist aber irreführend: Heisenberg suchte nicht Absolution, sondern internationale Kooperation.

Das Gespräch zwischen Bohr und Heisenberg ist zwanzig Jahre später bühnenwirksam von Ives Jamiaque zu einem «Stück in zwei Akten» unter dem Titel «Die achte Todsünde» dramatisiert worden – als letzter Versuch Heisenbergs, die Entwicklung der Atombombe und damit das atomare Wettrüsten abzuwenden.

Im September 1941 standen die Vorzeichen für eine Verständigung schlecht. Seit deutsche Truppen im Mai 1940 Dänemark besetzt hatten, fühlte sich die Bevölkerung mit den Alliierten solidarisch. Die «Kollaboration», die Zusammenarbeit mit den Deutschen, galt als Verbrechen, und Bohr hatte sich wohl schon zu innerer Abwehr gewappnet, noch ehe er wußte, was ihm Heisenberg überhaupt sagen wollte.

Aber auch bei Heisenberg gab es innere Sperren. Er war als Deutscher an einem streng geheimen militärischen Vorhaben beteiligt. Jedes Wort konnte als Landesverrat ausgelegt werden.

Ich bemühte mich, die Unterredung so zu führen, daß ich damit mein Leben nicht unmittelbar in Gefahr brächte. Sie begann wahrscheinlich mit meiner Frage, ob es richtig sei oder nicht, daß sich Physiker in Kriegszeiten dem Uranproblem widmeten.

Wie aus seiner ein wenig ängstlichen Reaktion hervorging, verstand Bohr die Bedeutung der Frage sofort. Soweit ich mich besinne, antwortete er mit einer Gegenfrage: «Glauben Sie wirklich, daß die Uranspaltung für die Konstruktion von Waffen benutzt werden kann?» Ich habe vielleicht geantwortet: «Ich weiß, das ist grundsätzlich möglich, aber es würde einen ungeheuren technischen Aufwand erfordern, und man kann nur hoffen, daß er in diesem Krieg nicht zu verwirklichen ist.» Bohr war über meine Antwort entsetzt und nahm offensichtlich an, ich wolle ihm zu verstehen geben, daß Deutschland auf dem Wege zur Herstellung von Atomwaffen große Fortschritte gemacht habe.[152]

Soweit sich das Gespräch heute noch rekonstruieren läßt, sind vor allem zwei Punkte von Heisenberg zur Sprache gebracht worden: Erstens wollte er von Bohr wissen, ob die Physiker ihre Wissenschaft – dieses wunderbare Gedankengebäude, zu dem Angehörige vieler Nationen ihre besten Gedanken gegeben hatten – in den Dienst des Krieges stellen dürften. *Es war wahrscheinlich dumm von mir, Bohr zu fragen, denn wenn ich mich jetzt in die Lage von Bohr versetze, was soll Bohr mir sagen? Es ist für ihn eine äußerst unangenehme Lage gewesen, einigen befreundeten Physikern aus der feindlichen Macht nun einen Rat zu geben.*[153]

Wenn nämlich Bohr den deutschen Kernphysikern geraten hätte: «Verweigert Euch. Baut keine Atombombe!», dann hätte er sich damit verpflichtet, auch auf seine Freunde in den USA im gleichen Sinn einzuwirken. Bohr wollte aber unter keinen Umständen den alliierten Kriegsanstrengungen in den Rücken fallen. Dem Vormarsch Hitlers endlich Einhalt zu gebieten, war auch Bohrs erstes Ziel.

Der zweite Punkt, auf den es Heisenberg in der Unterredung mit Bohr ankam, war, daß zum Bau der Atombombe *ein enormer technischer Aufwand nötig sei und daß deshalb diese tatsächliche Situation den Physikern bis zu einem gewissen Grade die Möglichkeit gab zu entscheiden, ob der Bau von Atombomben versucht werden solle oder nicht*[154].

Auch hier lief es für Bohr – wenn er das Amt des ehrlichen Maklers zwischen den deutschen und den amerikanischen Kernphysikern übernehmen wollte – darauf hinaus, seinen Freunden und Schülern in den alliierten Ländern den Rat zu erteilen, keine Entwicklungsarbeiten für die Atombombe zu leisten. Es ist Heisenberg erst nachträglich klargeworden, daß es für Bohr unmöglich gewesen wäre, das amerikanische Projekt zu stoppen, das er womöglich schon damals für viel aussichtsreicher als das deutsche gehalten hat. Bohr antwortete *zu meiner Verwunderung, daß der Kriegseinsatz der Physiker in allen Ländern unvermeidlich und daher wohl auch berechtigt sei. Bohr hat es offenbar für unmöglich gehalten, daß hier die Physiker aller Völker sich sozusagen gegen ihre Regierungen verbünden; er hat mir auch* (nach dem Kriege) *gesagt, daß er auf diesen Punkt nicht habe eingehen wollen, und daß er daher meine Frage mehr als eine indirekte Information über den Stand unserer Kenntnisse aufgefaßt habe.*[155]

Über das Gespräch war Heisenberg sehr unglücklich. Er hatte früher von den vielen hervorragenden Physikern des Kopenhagener Kreises Bohr am nächsten gestanden. Er war sein Lieblingsschüler in den zwanziger Jahren gewesen, als sie beide gemeinsam die moderne Atomphysik bis hin zur «Kopenhagener Deutung» schufen, und sie waren seither enge, vertraute Freunde. Früher hatte einer dem anderen in den subtilsten physikalischen und philosophischen Gedanken blitzschnell folgen können. Und nun war eine Verständigung offenbar unmöglich.

Das mißglückte Gespräch zwischen den beiden engen Freunden und hervorragenden Gelehrten ist später symbolhaft verstanden worden: Daß nun, durch den Einbruch des Nationalsozialismus, wie vieles andere auch die früher so eng verschworene internationale Gemeinschaft der Physiker zerstört war. Die Physiker arbeiteten nicht mehr miteinander, sondern gegeneinander. Heisenberg war der Kopf des deutschen Uran-Projektes; Bohr beriet, nach seiner abenteuerlichen Flucht aus Dänemark, die für das amerikanische Atomenergie-Vorhaben tätigen Wissenschaftler.

Heisenberg glaubt heute, daß er damals unter ganz falschen Voraussetzungen nach Kopenhagen gereist ist. Es war eine Illusion, zu meinen, daß die Physiker überhaupt noch eine freie Entscheidung hatten. Es war eine Illusion jedenfalls, was die amerikanische Seite betraf. Die Wissenschaftler dort, insbesondere die Emigranten, waren von der Furcht getrieben, Hitler könne als erster in den Besitz der Atombombe gelangen. Eine Mitteilung von Bohr, die Deutschen würden keine Atombombe bauen («Heisenberg hat es gesagt»), hätte die Amerikaner lediglich in der Überzeugung bestärkt, Bohr sei nun einmal politisch hoffnungslos naiv. Tatsächlich hat Bohr – nach dem, wie er das Gespräch mit Heisenberg aufgefaßt hat – *Ende 1943 in Amerika nur berichtet: Die Deutschen wissen, daß man Atombomben machen kann.*[156] Aber auch diese Nachricht hatte keinen Einfluß auf das Tempo des amerikanischen Atombombenprojektes. *Die Entscheidung in Amerika war damals längst gefallen.*[157]

In Deutschland hatten die Physiker die Entscheidung tatsächlich «bis zu einem gewissen Grade» in der Hand; dies aber nur, weil auch in diesen Kriegszeiten, als das Schicksal des Dritten Reiches auf dem Spiele stand, die nationalsozialistische Wissenschaftspolitik – wie vom ersten

Tag der Machtergreifung an – von groteskem Unverstand geleitet war. Nicht nur Lehrstühle und wichtige Referate in den Ministerien wurden «politisch» besetzt mit dem Ergebnis, daß die neuen Männer ihren Aufgaben nicht gewachsen waren; die Leitung des deutschen Uranprojektes hatte ausgerechnet ein – allerdings begabter – Scharlatan, der Oberst und Professor Dr. Erich Schumann. Aufgabe dieses Mannes wäre es gewesen, die Spitzen des Regimes wachzurütteln, aber er dachte offenbar: «Gehe nicht zu deinem Fürst...» Über das Uran-Projekt ließ sich Hitler von seinem Fotografen Heinrich Hoffmann informieren. Es ist bezeichnend für Erich Schumann, daß er mit dem Wissen, das er hatte, nicht zu seinem «Führer» vordrang, aber es ist auch für Hitler bezeichnend, daß er nicht den direkten Weg wählte, das heißt die Verantwortlichen zum Vortrag befahl, sondern sich, wie Albert Speer feststellte, «auf unzuverlässigen und unkompetenten Umwegen kolportagehaft unterrichtete»[158].

Erst am 4. Juni 1942 wurde das Uran-Projekt einem Mann mit Entscheidungsbefugnis vorgelegt: dem bevollmächtigten Minister für Rüstungsaufgaben Albert Speer. Im Helmholtz-Saal des Harnack-Hauses (dem Sitz der Hauptverwaltung der Kaiser-Wilhelm-Gesellschaft in Berlin-Dahlem) referierte Heisenberg über die militärische Bedeutung der Kernenergie. Neben Speer und seinen Fachleuten waren Staatssekretäre, Generale, Kernphysiker und Mitarbeiter der KWG gekommen. Zwei Sekretärinnen prüften sorgfältig die Ausweise.

Zunächst sprach Professor Werner Köster, der Direktor des Kaiser-Wilhelm-Instituts für Metallforschung, über eine neue Minen-Sonde. Dann war Heisenberg an der Reihe. *Ich habe also berichtet, daß es möglich ist, Atomreaktoren zu machen. Daß wir jetzt wissen, daß die Neutronen sich vermehren. Ich habe nicht erwähnt, daß man damit Plutonium machen kann, weil wir diese Dinge möglichst kleinhalten wollten.*[159]

Heisenberg beschäftigte sich auch mit «Atomsprengstoff» und erörterte die Wirkungsweise einer Uranbombe. Das Wort «Bombe» rief im Saal Aufsehen hervor. «Ich selbst hörte zum erstenmal in diesem Zusammenhang das Wort», berichtete der Generalsekretär der Kaiser-Wilhelm-Gesellschaft, Dr. Ernst Telschow. Heisenberg hatte sich schon wieder gesetzt, als von Generalfeldmarschall Erhard Milch die Frage kam: «Wie groß müßte eine Bombe sein, die eine große Stadt wie London in Trümmer legt?» Heisenberg drehte sich halb um und deutete – etwas verlegen, wie es Telschow schien – mit den Händen die Umrisse einer kleinen Kugel an: *Etwa so groß wie eine Ananas.*[160]

Und auf weitere Fragen hat Heisenberg erwidert: *Im Prinzip kann man schon Atombomben machen und kann auch diese Sprengstoffe gewinnen; aber alle Verfahren, die wir bisher kennen ... sind so ungeheuer kostspielig, daß es vielleicht viele Jahre dauern würde, und daß es eben einen ganz enormen technischen Aufwand von Milliarden brauchen würde.*[161]

Mitte 1942 standen, in der Ausdehnung des Herrschaftsgebietes, die Achsenmächte im Zenit ihres Erfolgs. Aber die Zeit der leichten Siege war ganz offensichtlich vorbei. Mit der Sowjet-Union und den USA

Carl Friedrich Freiherr von Weizsäcker

hatte das Dritte Reich nun überlegene Gegner. Fast schutzlos waren die deutschen Städte den alliierten Luftangriffen ausgesetzt. Erst ein paar Tage zuvor war die Kölner Innenstadt schwer getroffen worden.

In den persönlichen Gesprächen mit Speer mußte nun die Entscheidung fallen. Wohin steuerte Heisenberg? Er war Physiker, und das interessante Projekt lag ihm am Herzen wie ein eigenes Kind; er konnte weder zugeben, daß man es umbrachte, noch daß die Hände des Staates es ihm und seiner Physikerfamilie wegrissen.

Heisenberg wollte, daß die Physiker wie bisher für «ihr» Uran-Projekt tätig bleiben konnten, aber nicht, daß es aus dem Bereich des wissenschaftlichen Laboratoriums hinaus in die Hektik eines Rüstungsvorhabens geriet. Aus diesem Grunde erstrebte er die Genehmigung zur Weiterarbeit, aber keine höchste Dringlichkeitsstufe. *Dringlichkeitsstufen konnte man nur anfordern, wenn man Kriegswaffen machen wollte. Diesen Weg hätten wir beschreiten können, und das haben wir ganz be-*

wußt nicht getan, weil wir gar keine Atombomben machen wollten. Aber man kann auch dazu sagen, wir wollten es ja nicht machen, weil wir es vermutlich nicht gekonnt hätten. Wir hätten bestenfalls nach vier, fünf Jahren vielleicht etwas zuwege gebracht.[162]

Heisenberg nimmt also nicht für sich in Anspruch, eine moralische Entscheidung gegen die Atombombe getroffen zu haben. Für ihn gibt es auf dem Gebiet des Gewissens *keine hundertprozentigen Wahrheiten, es ist alles so unendlich kompliziert und gemischt*[163]. Und doch haben wir Indizien für eine Gewissensentscheidung. Wie bereits erwähnt hat Heisenberg auf der wichtigen Sitzung am 4. Juni 1942 nicht offenbart, daß man Plutonium machen kann.

Auch Erich Bagge erinnert sich, «*daß Heisenberg gesagt hat Man kann eine Atombombe machen und die dürfte fußballgroß sein, und daß er auf die Frage: ‹Ist das nun wirtschaftlich möglich?› erwidert hat: Das ist unmöglich, das würde ein Vermögen kosten, Milliarden von Reichsmark kosten, und schon wegen Mangel an Personal wäre das ganz ausgeschlossen ... Auf diesem Weg hat er versucht, ein Atombombenprojekt zwar nicht lahmzulegen, aber auch nicht zu befördern.*»[164]

Die Entscheidung Speers fiel in der von Heisenberg gewünschten Weise. Das deutsche Uran-Projekt wurde lediglich in einem bescheidenen Umfang weiterbetrieben. *Es war ein Auf-der-Stelle-treten ...*[165] *Damit konnte das einzige erreichbare Ziel nur noch sein, einen energieerzeugenden Uranbrenner zum Betrieb von Maschinen zu bauen.*[166]

Einen Wettlauf um die Atombombe zwischen den USA und dem Dritten Reich hat es also nie gegeben. Heisenberg hat trotz seinem ausgeprägten «agonalen» Ehrgeiz, trotz seiner Freude, einen Wettkampf anzufangen (und dann auch zu gewinnen), sich selbst Zügel angelegt. Bitter wurde es ihm allerdings, als nach der deutschen Niederlage die amerikanischen Sieger sich auch ihrer wissenschaftlichen Überlegenheit rühmten und das gescheiterte deutsche Uran-Vorhaben als jämmerlichen Fehlschlag der deutschen Forschung bezeichneten.[167]

Heisenberg war jedoch viel zu sehr Physiker, um nicht doch mitunter die kluge Zurückhaltung zu verwünschen, zu der er gezwungen war. Als er von den gigantischen Anstrengungen für die Entwicklung der Flugbombe und der Rakete erfuhr, die als V1 und V2 jedem Zeitgenossen zum Begriff wurden, hat er zeitweise bedauert, daß dem deutschen Atomenergie-Projekt nicht die gleiche Unterstützung zuteil geworden ist.

«Man wird zugeben müssen», schreibt David Irving, «daß Heisenberg und seine Mitarbeiter sich, wenn sie erst einmal eine Kettenreaktion in Gang gebracht hätten, durch nichts hätten davon abhalten lassen, aus reiner Wißbegier den nächsten logischen Schritt zu tun, ob es sich dabei um die Extraktion von Plutonium oder um die Trennung von Uran 235 handelte.»[168] Man wird aber auch zugeben müssen, so kann man Irving ergänzen, daß die deutschen Kernphysiker eben nicht – wie etwa die «Männer von Peenemünde» – bei den Machthabern des Dritten Reiches um Prioritäten und Dringlichkeitsstufen gebuhlt haben.

Im Rückblick kommt es uns als ein besonderer Glücksfall vor, daß die Entscheidung Speers für die Uranmaschine und gegen die Atombombe ausgefallen ist. Wie hat Heisenberg dieses von ihm damals bewußt ins Auge gefaßte Ziel erreicht? Man sollte denken, daß dazu eine Reihe von raffinierten politischen Schachzügen nötig gewesen wäre. Folgt man aber einigen Schilderungen, die Heisenberg nach dem Krieg gegeben hat, so schien es die einfachste Sache von der Welt.

Wir haben ganz loyal und ehrlich den Leuten gesagt, jede Methode, um Uran 235 zu gewinnen oder Plutonium zu bekommen, kostet viele Milliarden, und außerdem kann es allerfrühestens in einer Reihe von Jahren zum Ziele führen. Wir haben eher die Zeit noch höher eingeschätzt, als sie dann war. Nun wußten wir im Juni 42, daß Hitler sowieso den Befehl gegeben hatte, alle Unternehmungen, die nicht innerhalb eines halben Jahres zum Einsatz an der Front führen, abzustoppen. So daß wir wußten, wenn wir ehrlich berichten, dann wird das eben abgeblasen. Wir waren damals also in einer ungeheuer angenehmen Lage, weil wir nun nicht gezwungen waren, dieses Zeug zu machen. Wir waren in einer viel einfacheren Lage als unsere Kollegen in Amerika.[169]

Wenn man diese Stellungnahme liest, so gewinnt man den Eindruck, daß der große Physiker im Laufe seines Lebens nicht nur Zukunftsentwicklungen zu positiv beurteilt hat. Auch im Rückblick auf die Vergangenheit hat er offenbar nicht alle Gefahren erkannt, in denen er und seine Kollegen geschwebt hatten. *Wir waren damals in einer ungeheuer angenehmen Lage.* Was wäre denn gewesen, wenn etwa der Krieg noch ein paar Monate länger gedauert hätte und die amerikanischen Atombomben statt auf Hiroshima und Nagasaki auf Hamburg und Dresden niedergegangen wären?

Aber wichtiger ist hier noch etwas anderes: *Wir wußten, wenn wir ehrlich berichten, dann wird das* (die Entwicklung der Atombombe nämlich) *eben abgeblasen.* Wußten sie das wirklich? Heisenberg hatte ja selbst – in der Schilderung seines Gesprächs mit Niels Bohr – von der Alternative gesprochen. Die Physiker *konnten auch argumentieren, daß es mit äußerster Anstrengung vielleicht doch noch möglich sein werde, sie ins Spiel zu bringen*[170]. Wären die deutschen Kernphysiker von der wissenschaftlichen Aufgabe so besessen gewesen, wie etwa die Raketenbauer in Peenemünde von der ihren, oder wären sie überzeugte Nationalsozialisten gewesen, dann hätten sie so argumentiert.

Die Welt muß den deutschen Physikern dankbar sein, daß sie das nicht getan haben. Aber es hat doch alles nur an einem Haar gehangen. Es hätte ja auch sein können, daß plötzlich ein Heinrich Himmler oder Martin Bormann glaubte, «daß es mit äußerster Anstrengung doch noch möglich sein werde, deutsche Atombomben ins Spiel zu bringen».

Heisenberg hat sich damals (und vielleicht auch später) nicht klargemacht, zu welchen Taten das Regime noch fähig gewesen wäre, wenn die Mächtigen ihre letzte Rettung – begründet oder nicht – in der Atombombe gesehen hätten. *Wenn man der Regierung, also unserer eigenen Regierung, nun ganz ehrlich sagt, wie schwierig das ist, und wie groß der Aufwand ist, und wie lange es dauert, dann wird die Regierung es schon nicht machen.*[171]

Das war ein frommer Wunsch, der nur mit viel, viel Glück in Erfüllung gegangen ist (wie Heisenberg auch später eingeräumt hat [172]). Die

Politik des obersten Kriegsherrn, des «größten Feldherrn aller Zeiten», orientierte sich nicht an rationalen Entscheidungskriterien. Als die Niederlage näherrückte, verlor Hitler die Beziehung zur Realität. Phantastische Projekte wollte er mit unsinnigen Forderungen durchsetzen. Von allen «Wunderwaffen» wäre ihm die Atombombe das ideale Instrument gewesen, Vergeltung zu üben.

Speer berichtete, Hitler habe einen Trickfilm gesehen, «in dem ein Flugzeug sich auf die Umrisse der britischen Insel stürzte; ein Feuerschlag folgte, und die Insel flog zerfetzt in Stücke. Hitlers Begeisterung kannte keine Grenzen mehr: ‹So wird es ihnen gehen!› rief er hingerissen aus, ‹so werden wir sie vernichten!›»[173] Ein Segen für uns alle, daß Hitler nicht geahnt hat, was im Kaiser-Wilhelm-Institut für Physik in Berlin-Dahlem, nur ein paar Kilometer vom «Führerbunker» entfernt, wirklich vor sich ging. Die Absicht der Wissenschaftler, *die Kontrolle über das Vorhaben in der Hand zu behalten* [174], hätte dann überhaupt keine Rolle gespielt, und die Physiker hätten alles getan, um nur eines zu behalten: das eigene Leben.

Schloßkirche in Haigerloch. Darunter befand sich der Felsenkeller mit dem Uranlaboratorium

Nach der Konferenz vom 4. Juni 1942 wurde das deutsche Atomenergie-projekt nur noch von einigen physikalischen Instituten in bescheidenem Rahmen weiterverfolgt. Das Heereswaffenamt gab das Dahlemer Institut an die Kaiser-Wilhelm-Gesellschaft zurück. Auf der Sitzung des Senats am 24. April 1942 wurde Heisenberg zum «Direktor am KWI für Physik» ernannt; nur mit Rücksicht auf Peter Debye, der formal beurlaubt war, hieß es nicht «Direktor des Institutes». Praktisch aber war Heisenberg das von Anfang an. Mit Wirkung vom 1. Oktober 1942 wurde ihm auch in der Mathematisch-Naturwissenschaftlichen Fakultät der Universität Berlin eine planmäßige ordentliche Professur für theoretische Physik verliehen. Heisenberg ist aber — bedingt durch den Verlauf des Krieges — gar nicht mehr nach Berlin umgezogen. Mitte April 1943 evakuierte er die Familie aus Leipzig; seine Frau und die Kinder zogen in das Haus am Walchensee.

Ein halbes Jahr später mußte auch das Kaiser-Wilhelm-Institut aus Berlin nach Hechingen in Württemberg-Hohenzollern verlagert werden. *Wir bereiteten dort den nächsten Versuch für den Atomreaktor in einem Felsenkeller vor, der in dem malerischen Städtchen Haigerloch im Berg unter der Schloßkirche guten Schutz gegen alle Luftangriffe bot.*[175] Heisenberg erinnert sich an *die regelmäßigen Fahrten zwischen Hechingen und Haigerloch mit dem Fahrrad, die Obstgärten der Bauern, die Wälder, in denen wir an den Feiertagen Pilze suchten*[176]. Da die emsige Tätigkeit der Wissenschaftler in dem Stollen von Haigerloch ohnehin nicht zu verbergen war, wurde das Institut kurzerhand als «Höhlenforschungsstelle» getarnt. Ende Februar 1945 kamen endlich, nach langen Irrfahrten, die letzten Lieferungen von Uran und Schwerem Wasser aus Berlin. Der Aufbau des Versuchs konnte beginnen.

«Die Wissenschaftler versammelten sich in der Enge ihres Höhlenlaboratoriums», so beschrieb David Irving die entscheidenden Stunden: «Der Graphitdeckel mit den Ketten der Uranwürfel wurde in das Reaktorgefäß gesenkt... Schließlich wurden anderthalb Tonnen unersetzliches Schweres Wasser langsam eingepumpt. Das Einpumpen wurde häufig unterbrochen und die Neutronenvermehrung im Innern und außen an dem Leichtmetallbehälter gemessen. Als das Schwere Wasser im Innern des Zylinders anstieg, stieg die Multiplikation an, und es schien wirklich, als ob der Meiler jetzt kritisch werden könnte.»[177] Die Wissenschaftler wußten nicht, daß Enrico Fermi mit seinem «Pile» in Chicago bereits vor mehr als zwei Jahren, am 2. Dezember 1942, erfolgreich gewesen war. So hatten sich die Männer um Heisenberg das Ziel gesetzt, die ersten zu sein mit einem «kritischen» Reaktor.

Nach dem Zusammenbruch der letzten deutschen Offensive in den Ardennen waren am 8. Februar 1945 Briten und Amerikaner zum Vorstoß in das Reichsgebiet angetreten; die sowjetischen Truppen bildeten bereits Brückenköpfe an der Oder. Das Ende konnte nur noch eine Frage von Wochen sein. Jetzt hatten die deutschen Physiker ihre letzte Chance.

Heisenberg dachte an das berühmte Wort von Friedrich Wilhelm III., der nach der Katastrophe von Jena und Auerstedt gesagt hatte, daß nun der Staat durch geistige Kräfte ersetzen müsse, was er an materiellen verloren habe. Aus dieser Gesinnung war 1810 die Universität Berlin gegründet worden, der Heisenberg nun seit zwei Jahren als Ordinarius angehörte, und aus der Niederlage war eine geistige Erneuerung Preußens hervorgegangen. Vor allem Max Planck hatte, in seiner Spitzenposition als «beständiger Sekretär» der Preußischen Akademie, nach dem unglücklichen Ausgang des Ersten Weltkriegs immer wieder an das Wort von der geistigen Erneuerung erinnert.

Es war der große Wunsch Heisenbergs, daß in dieser Zeit des totalen Zusammenbruchs, der unausweichlich dem «totalen Krieg» folgen mußte, wenigstens der deutschen Wissenschaft ein Erfolg vergönnt sein möge: so könnte Deutschland abermals durch geistige Kräfte ersetzen, was es an materiellen verloren hatte. Durch einen Erfolg in der Kernphysik wollte Heisenberg die Hoffnung auf einen geistigen Wiederaufbau des Vaterlandes gründen.

Mit dem Einpumpen des Schweren Wassers stieg der Multiplikationsfaktor ständig an, über alle bisher erreichten Werte hinaus. Aus zehn Neutronen, die von der Quelle im Innern injiziert wurden, wurden schließlich an der Oberfläche des Reaktors 67. Es reichte nicht. Sie brauchten mehr Uran und mehr Schweres Wasser. Ende Februar 1945 war das nirgendwo zu beschaffen. Bald rechneten die Wissenschaftler aus, daß mit einem kugelförmigen statt einem zylindrischen Brenner der kritische Punkt wahrscheinlich erreicht worden wäre. Aber es war zu spät.

Alle Mühe mit den Versuchen war also letztlich vergeblich geblieben. Heisenbergs einziger Trost war, daß sich seine Theorie jedenfalls als richtig erwiesen hatte. Es stand nun fest, *daß man durch Vergrößerung der Apparaturen – bei dem letzten Haigerlocher Versuch würde eine relativ geringe Vergrößerung genügen – den kritischen Punkt erreichen und damit zu einem energieliefernden Brenner kommen kann* [178].

Mitte April zogen die letzten Reste aufgelöster deutscher Truppen durch Hechingen nach Osten. An einem Nachmittag hörten wir die ersten französischen Panzer. Im Süden waren sie wohl schon an Hechingen vorbei bis zur Kammhöhe der Rauhen Alb vorgestoßen. [179] Der Krieg war zu Ende. Im Luftschutzkeller feierten die Mitarbeiter Abschied. Um drei Uhr früh setzte sich Heisenberg auf sein Fahrrad. Das Ortsschild «Gammertingen 26 km» war in der Dunkelheit nicht zu lesen, aber aber er kannte sein Ziel: das 270 Kilometer entfernte Urfeld. Im Gepäck hatte er einige wichtige Dokumente, Notverpflegung und als Tauschware einige Schachteln amerikanische Pall-Mall-Zigaretten.

Im fahlen Morgenlicht sah er die Spuren des chaotischen Rückzugs: weggeworfene Stahlhelme und Karabiner am Straßenrand, umgestürzte und ausgebrannte Wehrmachtsfahrzeuge. Es war der 20. April 1945: «Führers Geburtstag». Die Panzergeräusche, die Heisenberg gehört hatte, stammten aber nicht von den vorrückenden französischen Verbänden, sondern vom amerikanischen 1279. Pionier-Kampfbataillon und der Alsos-Mission unter dem Befehl von Colonel Boris T. Pash. Die Amerikaner beeilten sich, als erste, noch vor den Franzosen, Haigerloch zu besetzen, und machten sich unverzüglich daran, den Reaktor abzubauen.

Die Sondereinheit «Alsos» bestand aus einem Stab von Wissenschaftlern, Offizieren und CIC-Agenten, insgesamt 114 Männern. Sie war sozusagen das «Auge» des amerikanischen Atomenergie-Projektes. Während die amerikanische Armee die Entwicklung der Atombombe mit unerhörtem Aufwand vorantrieb, observierte sie gleichzeitig den Gegner. Der Deckname «Alsos» erklärte sich dabei einfach als Transposition des Wortes «grove» [Hain] ins Griechische. Der dem Wissenschaftler J. Robert Oppenheimer, dem «Vater der amerikanischen Atombombe», übergeordnete General und oberste Leiter des sogenannten «Manhattan District» hieß nämlich Leslie R. Groves.

Am 24. April besetzte die Alsos-Mission Hechingen. Bagge, Korsching, Weizsäcker und Wirtz wurden gefangengenommen und die Institutsausrüstung wurde beschlagnahmt. Am nächsten Tag rückten die Amerikaner in Tailfingen ein; das Uran und das Schwere Wasser wurden erbeutet und, noch wertvoller, die geheimen «Kernphysikalischen Forschungsberichte», woraus sich ein vollständiger Überblick über den Stand des deutschen Projektes ergab. Auch Otto Hahn und Max von Laue, die als bekannte Gegner des Dritten Reiches bei den Wissenschaftlern der Alsos-Mission in hohem Ansehen standen, wurden verhaftet, aber sozusagen mit allen militärischen Ehren. Die Aktion war jedoch nur ein halber Erfolg. «Uns fehlte immer noch Heisenberg, unser Hauptziel unter den deutschen Physikern», berichtete Samuel A. Goudsmit.[180]

Heisenberg war mit seinem Fahrrad wohlbehalten nach Urfeld gekommen. Schnell rückte die Front näher; aber eine Woche blieb für die Familie. *Wir waren von jeder Lebensmitteleinfuhr abgeschnitten, inmitten noch kämpfender Truppen und SS-Verbänden, außerdem wurde unser Wolfgang am kritischen Abend recht schwer krank, wir befürchteten akute Blinddarmentzündung und wir haben den Buben in dieser Nacht bei Schneesturm und eben zerstörte Straßen hinweg in ein Militärlazarett bringen müssen. Zum Glück erwies sich dann die Operation doch als unnötig, aber Du wirst Dir denken können, daß es keine leichte Zeit war. Elisabeth hat sich fabelhaft tapfer gehalten, aber es ging erheblich über ihre Kräfte. Es war ein Segen, daß ich zu Hause sein konnte.*[181]

Am 3. Mai erschien der amerikanische Colonel Pash, in der Hand die Maschinenpistole. Heisenberg öffnete die Tür: *Ich habe Sie erwartet.*[182] Er wurde zunächst nach Heidelberg gebracht, wo er Samuel A. Goudsmit «vorgeführt» wurde. Nach herzlicher Begrüßung der alten Freunde und Kollegen fragte Goudsmit in einer spontanen Eingebung: «Würden Sie nicht jetzt nach Amerika kommen wollen, um mit uns zu arbeiten?» Im Mai 1945 wäre fast jeder deutsche Wissenschaftler und Ingenieur glücklich über ein solches Angebot gewesen. Aber Heisenberg lehnte ab: *Nein, ich möchte nicht weggehen. Deutschland braucht mich.*[183]

Goudsmit wußte damals noch nichts vom amerikanischen Atomenergie-Projekt; die Männer der Alsos-Mission waren darüber – Patentre-

Die Alsos-Mission baut den Uran-Meiler in Haigerloch ab

zept militärischer Vorsicht – nicht informiert worden. Aber auch wenn
Heisenbergs Anwort auf die Gewissensfrage ein «Ja» gewesen wäre,
hätte das Angebot nicht realisiert werden können. Die Amerikaner hatten die bis 1933 in der Physik führenden Deutschen wissenschaftlich
geschlagen; ihr Stolz hätte eine nachträgliche Mitarbeit von Heisenberg
gar nicht erlaubt. Heisenberg wurde von Goudsmit ausführlich über
den Stand des deutschen Uran-Projektes vernommen. Natürlich wollte
nun auch Heisenberg von dem alten Kollegen etwas über die amerikanischen Arbeiten erfahren. Goudsmit gab unbefangen zur Antwort, in
den USA hätten sich die Physiker auf andere, der Praxis nähere Aufgaben konzentriert, wie die Entwicklung des Radar. Die objektiv fal-
sche Auskunft hat Heisenberg später dazu veranlaßt, die Nachricht vom
Abwurf der Atombombe auf Hiroshima als Propaganda in Goebbelsscher
Manier abzutun. Diese Einschätzung ist den deutschen Physikern dann
als besondere Arroganz vorgehalten worden.

Während Heisenberg noch in Heidelberg verhört wurde, waren die
alten Mitarbeiter bereits in Versailles. Hier wurden sie in einem aben-
teuerlich verwahrlosten Schloß gefangengehalten. Am 9. Mai kam auch
Heisenberg nach Versailles, zwei Tage später Paul Harteck. Nun war
die Gruppe der zehn deutschen Kernphysiker vollständig. Acht Monate
Internierung standen ihnen bevor. Nach den Strapazen der Kriegszeit
war es *fast wie eine Erholung*, erinnerte sich Heisenberg später, aber

die Unsicherheit über die Zukunft und vor allem die Ungewißheit über das Schicksal der Familie bedrückten ihn natürlich sehr.

Den Juni verbrachten die Physiker im Schloß Facqueval bei Huy in Belgien. Am 3. Juli wurde die Gruppe zum Flughafen nach Lüttich gebracht, wo eine Dakota startbereit wartete. Beim Einsteigen fragte Paul Harteck: «Na, Herr Hahn, welche Gefühle haben Sie denn jetzt?» Die Physiker wußten, daß in der Politik manchmal Probleme durch den Absturz eines Flugzeugs gelöst werden. Aber die Maschine landete wohlbehalten auf dem Militärflughafen Huntington bei Cambridge, und die Wissenschaftler wurden auf dem Landsitz Farmhall untergebracht. «Man hat den Eindruck, daß es sich von jetzt ab um eine ziemlich dauerhafte Einrichtung handelt», notierte Erich Bagge: «Das Haus, in dem wir untergebracht sind, ist etwa 250 Jahre alt, ein alter Backsteinbau ohne besondere Architektonik, schlicht und einfach, aber doch gefällig. Zu ihm gehört ein großer Garten mit einer guten Rasenfläche und zwei alten gewaltigen Bäumen. Die Einrichtung im Innern ist ziemlich veraltet, aber doch freundlich und anheimelnd. Besonders froh sind wir über eine kleine englische Bibliothek.»[184]

Als Erich Bagge am 4. Juli in seinem Tagebuch notierte, daß Farmhall für die deutschen Kernphysiker «bereitgestellt und hergerichtet» sei, konnte er nicht wissen, daß diese Bemerkung sogar in einer besonderen Weise zutraf: Der britische Geheimdienst hatte eine Abhöranlage installiert. Einzig Kurt Diebner ahnte etwas, und als Praktiker, der er war, kroch er gleich suchend am Boden herum.

Diebner: Ich frage mich, ob hier Mikrophone eingebaut sind.

Heisenberg: *Mikrophone eingebaut?* (Lachend) *O nein, so gerissen sind die nicht. Ich glaube nicht, daß sie die wahren Gestapo-Methoden kennen; in dieser Beziehung sind sie ein bißchen altmodisch.*[185]

Otto Hahn wird als Gefangener abgeführt

Die Alsos-Mission studiert die erbeuteten Akten der deutschen Kernphysiker

Diese Unterhaltung hat den General Groves sehr «belustigt». Er erhielt Abschriften der Aufzeichnungen in englischer Übersetzung. Weniger lustig ist, daß zwar dem General Groves, als er lange nach Kriegsende seine Lebenserinnerungen niederschrieb, diese Papiere wieder zur Verfügung gestellt wurden, daß aber weder die Abgehörten selbst noch die Historiker die Dokumente je zu Gesicht bekommen haben. So kennt man bis heute nur die aus dem Englischen ins Deutsche rückübersetzten Abschnitte, die Groves in seinem Buch «Jetzt darf ich sprechen» zitiert hat.

Während die internierten deutschen Physiker mühsam gegen die Langeweile kämpften, feierten ihre amerikanischen Kollegen einen Triumph. Am 16. Juli brachten Oppenheimer und Mitarbeiter in der Wüste von Nevada die erste Atombombe zur Explosion. Der Versuch war ein voller Erfolg und markierte, wie es in einem späteren Bericht des amerikanischen Kriegsministeriums hieß, den «Übertritt der Menschheit in ein neues Zeitalter»[186].

Davon drang zunächst nichts in die Öffentlichkeit. Hinter den Kulissen aber fielen Entscheidungen von weittragender Bedeutung. Im Pazifik war immer noch Krieg, wenn auch die endgültige Niederlage Japans nur noch eine Frage der Zeit sein konnte. James Franck, der 1933 Göttingen hatte verlassen müssen und für den wie für viele andere Emigranten die USA zur neuen Heimat geworden waren, verfaßte den «Franck-Report». Eindringlich warnten die sieben Unterzeichner vor einem Einsatz der Atombombe gegen Japan. Sie hatten als erste verstanden, was es heißt, daß nun die Schwelle in ein neues Zeitalter, das Zeitalter des Atoms, überschritten war: «Wir leben ständig mit der Vision einer jähen Zerstörung vor Augen, einer Zerstörung unseres eigenen Landes, einer Pearl-Harbor-Katastrophe, die sich in tausendfacher Vergrößerung in jeder Großstadt unseres Landes wiederholen könnte.»[187]

Aber die Würfel waren schon gefallen. Am 6. August explodierte eine Atombombe über Hiroshima. 260 000 Menschen starben.

Um 18 Uhr kam die erste Nachricht über den Rundfunk. Otto Hahn und Karl Wirtz hörten die Meldung im Büro des aufsichtsführenden britischen Offiziers. Sofort gingen sie in den Speisesaal hinunter, wo die Kollegen zum Abendessen Platz genommen hatten. Für einen Augenblick saßen alle stumm, entsetzt, ungläubig; dann brach es aus ihnen hervor. Darauf hatten die britischen Abhörspezialisten gewartet.

Hahn: Wenn die Amerikaner eine Uranbombe haben, dann sind Sie alle zweitklassig. Armer Heisenberg.

Heisenberg: *Haben sie im Zusammenhang mit der Atombombe das Wort «Uran» gebraucht?*

Hahn: Nein.

Heisenberg: *Dann hat sie mit Atomen nichts zu tun. Aber das Äquivalent von 20 000 Tonnen hochexplosivem Sprengstoff ist ungeheuer... Ich kann mir nur denken, daß irgendein Dilettant in Amerika weiß, sie hat das Äquivalent von 20 000 Tonnen hochexplosiven Sprengstoff, und in Wirklichkeit funktioniert sie überhaupt nicht.*

Hahn: Auf jeden Fall, Heisenberg, sind Sie eben zweitklassig, und Sie können einpacken.

Heisenberg: *Ganz Ihrer Meinung... Ich bin bereit zu glauben, daß es eine Bombe unter hohem Druck ist, aber ich glaube nicht, daß sie etwas mit Uran zu tun hat, sondern daß es ein chemisches Zeug ist, wodurch sie die Sprengkraft ungeheuer gesteigert haben.*[188]

Soweit der von Groves aus den geheimen Aufzeichnungen wiedergegebene Ausschnitt. Die Fortsetzung der lebhaften Diskussion der zehn deutschen Kernphysiker ergibt sich aus einer Tagebuchnotiz, die Erich Bagge aus der noch frischen Erinnerung heraus niedergeschrieben hat.

Heisenberg vertritt ganz entschieden die Ansicht: *Vielleicht haben sie einen neuen Sprengstoff mit atomarem Wasserstoff oder Sauerstoff oder so etwas Ähnliches. Hat Goudsmit nicht immer wieder gefragt, wieso wir Deutschen überhaupt solche Wissenschaft hätten machen können, während in Amerika die Physiker in «wahre» Kriegsphysik eingespannt wurden?* Hahn ist zunächst sehr erschüttert, hofft dann, daß Heisenberg recht habe, weil er den Gedanken fürchtet, daß seine eigene Entdeckung diese tragischen Konsequenzen haben könne. Harteck schätzt ab, daß selbst unter günstigsten Bedingungen ein Sprengstoff mit atomarem Wasserstoff oder Sauerstoff nur die zehnfache Brisanz haben könne wie die bisher bekannten, während bekanntgegeben worden ist, daß die eine Bombe allein die Wirkung von 20 000 t Sprengstoff besessen haben soll. Da bleibt ja nur die Uranbombe! Von Laue und Gerlach sind sehr erschüttert. Gerlach hält die Sache für nur schwer glaubwürdig, verweist aber auf den nächsten Nachrichtendienst um

Die Atombombenexplosion am 6. August 1945 über Hiroshima

21 Uhr. Von Weizsäcker fragt Heisenberg noch einmal genauer nach seiner Meinung und Heisenberg bestätigt von neuem, daß er die Sache eigentlich nicht glaube, obwohl er nach Hartecks Bemerkung, die auch von Hahn unterstützt wurde, etwas unsicher geworden war und meinte, man müsse eben um 21 Uhr Näheres hören. Diebner hielt es hingegen für möglich, daß es sich um eine echte Atombombe gehandelt haben könne, und Korsching unterstützt ihn in der Vermutung, daß die Amerikaner wohl mit der Isotopentrennung durch Diffusion den Sprengstoff erzeugt hätten.[189]

Heisenberg erinnert sich, daß die deutschen Physiker gebannt den Einundzwanzig-Uhr-Nachrichten folgten: *Wir haben uns ans Radio hingesetzt, und am Anfang waren einige Wendungen, wo ich auch noch dachte: «Na ja, es wird ja viel gelogen. Wer weiß!» Aber dann wurde auf einmal gesagt, diese Bombe ist hergestellt worden mit ungeheuer vielen Menschen. Da dachten wir, dann kann es natürlich doch sein.*[190]

Als General Groves die Tonbandabschriften erhielt, weidete er sich vor allem daran, daß die deutschen Physiker den Amerikanern eine solche Leistung gar nicht zugetraut hatten: «Sie waren wie erschlagen... Daß wir imstande gewesen waren, eine Riesenarbeit zu vollbringen... dies schien auf die deutschen Gelehrten sehr tiefen Eindruck zu machen.» Groves wollte vor allem noch wissen, wo die Deutschen die Ursachen für den Fehlschlag ihres Projektes sahen:

Heisenberg: *Man kann sagen, daß in Deutschland größere Mittel zum erstenmal im Frühjahr 1942 zur Verfügung gestellt wurden, nach*

Das Landhaus «Farmhall»

der Sitzung mit Rust, als wir ihn überzeugten, daß wir den absolut sicheren Beweis dafür hätten, daß die Sache möglich sei ... Wir hätten gar nicht den moralischen Mut aufgebracht, im Frühjahr 1942 der Regierung zu empfehlen, 120 000 Mann einzustellen, nur um die Sache aufzubauen ...

Weizsäcker: Ich glaube, es ist uns nicht gelungen, weil alle Physiker aus Prinzip gar nicht wollten, daß es gelang. Wenn wir alle gewollt hätten, daß Deutschland den Krieg gewinnt, hätte es uns gelingen können ...

Hahn: Das glaube ich nicht, aber ich bin dankbar, daß es uns nicht gelungen ist.

Bagge: Ich meine, es ist absurd von Weizsäcker, so etwas zu sagen. Das mag für ihn zutreffen, aber nicht für uns alle.[191]

Soweit die Gespräche der internierten deutschen Kernphysiker an diesem denkwürdigen 6. August 1945, dem Tag, an dem zum erstenmal eine Atombombe gegen Menschen eingesetzt wurde.

Im historischen Rückblick muß man natürlich Otto Hahn zustimmen: Ein Glück, daß es nicht zu einer deutschen Atombombe gekommen ist. Weizsäcker, der mit seiner Aussage Widerspruch bei Hahn und Bagge hervorrief, hat aber wohl recht: Heisenberg, der Kopf des deutschen Uran-Projektes, war immer ein loyaler Staatsbürger und das Gegenteil eines Revolutionärs. Die Entwicklungsarbeiten hatte er im vollen Bewußtsein seiner Pflichten im Kriege geleitet. Und doch hatte ihm die Besessenheit bei dieser Aufgabe gefehlt, die Entschlossenheit, das Ziel auf Biegen und Brechen zu erreichen. Ihm schauderte bei dem Gedanken, Hitler könne in den Besitz der Atombombe kommen.

Anders war es für Heisenberg mit dem Atomreaktor. Er hat es als ein Versagen der deutschen Wissenschaft angesehen, daß es 1945 nicht mehr gelungen ist, den kritischen Punkt der Neutronenvermehrung zu erreichen, bei dem die Kettenreaktion sich selbst unterhält. Die letzte Ursache für diesen Fehlschlag hat er mit Recht in dem Antagonismus zwischen Staat und Wissenschaft gesehen. So etwas sollte nach dem Willen Heisenbergs sich nie mehr wiederholen. Wissenschaftspolitisches Hauptziel beim Wiederaufbau Deutschlands wurde deshalb für ihn eine enge und vertrauensvolle Zusammenarbeit zwischen der Regierung und den führenden Gelehrten. Dieses Programm hat Heisenberg aber erst einige Monate später formuliert. Am 6. August 1945 gab es aktuellere Sorgen.

An diesem Abend hat keiner der zehn Physiker schnell Schlaf finden können. Als sich Max von Laue schließlich nach den langen Diskussionen um ein Uhr zurückzog, sagte er: «Als ich jung war, wollte ich Physik treiben und Weltgeschichte erleben. Die Physik habe ich getrieben, und daß ich Weltgeschichte miterlebt habe, wahrhaftig, das kann ich jetzt in meinen alten Tagen wohl sagen.»[192]

Zur Beruhigung machte Heisenberg sich ans Rechnen. *Ich weiß, daß ich mich an dem Abend noch hingesetzt habe und meine alten Akten und Aufzeichnungen hervorgeholt habe und mir ausgerechnet habe, wie groß diese Atombombe etwa sein kann ... Dann habe ich am nächsten Nachmittag wieder eins von unseren Kolloquien vorgetragen und habe dann die Theorie dieser Atombombe, auch die wahrscheinliche Gewichtszahl aufgrund unserer Daten ausgerechnet. Wenn ich mich recht erinnere, habe ich angegeben: «Gewicht war, wenn es reines Uran 235 war, 14 Kilogramm.»*[193]

In seinem historischen Bericht, der in der deutschen Übersetzung erst 1965 erschienen ist, hat der amerikanische General Groves noch einmal die alte Legende wiederholt, die deutschen Kernphysiker hätten das Prinzip der Atombombe nicht gekannt. Seine scheinbaren Beweise, die abgehörten Gespräche, legte er aber nur in Bruchstücken vor. Demgegenüber betont Heisenberg, *daß wir über die Kettenreaktion mit schnellen Neutronen durchaus Bescheid wußten... Im übrigen lege ich auf diese Tatsachen nicht etwa deshalb Wert, weil ich die Ergebnisse unserer Arbeit für besondere wissenschaftliche Leistungen hielte, auf die wir stolz sein müßten; ich glaube vielmehr im Gegenteil, daß diese ganze Entwicklung nach der Hahnschen Entdeckung und der Bohr-Wheelerschen Arbeit praktisch zwangsläufig war. Die große Leistung der amerikanischen und englischen Physiker sehe ich vor allem in der ungeheuren Effektivität der technischen Durchführung, in dem planvollen Einsatz größter Mittel, die nur von dem riesigen Industriepotential Amerikas bereitgestellt werden konnten.*[194]

Durch die Zerstörung Hiroshimas war das am besten gehütete militärische Geheimnis der USA im wahrsten Sinne des Wortes der Menschheit «schlagartig» bekannt geworden. Die Internierung in Farmhall hatte ihren Zweck erfüllt; seit dem 6. August 1945 war sie sinnlos geworden. Aber vieles Sinnlose geschieht. Immer wieder schöpften die deutschen Physiker neue Hoffnung, bald freigelassen zu werden, und immer wieder wurden sie enttäuscht. Auf die Frage nach ihrem rechtlichen Status gab der englische Major Rittner mit leichtem Lächeln die Auskunft, sie seien «detained under His Majesty's pleasure», festgehalten auf Verfügung des Königs. Die Physiker antworteten im gleichen Ton, Seine Majestät solle doch einmal kommen, um wirklich «pleasure» mit ihnen zu haben. Von da an nannten sie sich die «Detaineden», die Festgehaltenen.

Die erzwungene Muße nutzten sie, so gut es ging. Weizsäcker war fast glücklich, endlich einmal nach fünf Jahren völlig ungestört das arbeiten zu können, was er selbst wollte. *Wissenschaftlich war die Zeit unserer Gefangenschaft sehr ergiebig*[195], stellte auch Heisenberg fest. Er führte seine schon im Krieg begonnenen Ansätze über «Die beobachtbaren Größen in der Theorie der Elementarteilchen» fort. Die Lösung des Problems sah er damals in der sogenannten «Streu-Matrix-Theorie»; erst Jahre später hat es sich dann herausgestellt, daß dieser Rahmen noch zu eng ist. *Ich habe* weiter *eine Theorie der Supraleitung gemacht... und, im Anschluß an eine Weizsäckersche Arbeit, eine Arbeit über Turbulenztheorie (!) − On revient toujours...*[196] Man kehrt immer zu seiner ersten Liebe zurück. So schrieb er, in Anspielung an seine seinerzeitige, bei Sommerfeld angefertigte Doktorarbeit, an den früheren Lehrer.

Neben alldem hatte er immer noch Zeit, die Werke des englischen Schriftstellers Anthony Trollope zu lesen, die er in der Bibliothek von

Farmhall fand. Ein Trost war auch die deutsche Lyrik; jeden Tag sagte er sich ein anderes Gedicht vor. Solche Lektüre gab es freilich nicht auf Farmhall, sondern er mußte dazu auf sein Gedächtnis zurückgreifen. In den letzten Kriegsjahren hatte er auf den regelmäßigen Bahnfahrten zwischen Berlin und Leipzig zur Beschäftigung und Ablenkung viele Texte auswendig gelernt.

Der Sommer verging, der Herbst. Besuche von britischen Kollegen aus Cambridge und London zeigten, daß sie nicht vergessen waren. Anfang Oktober fuhren Heisenberg, Hahn und Laue zu Gesprächen in die Royal Institution nach London, wo es schon um den Wiederaufbau der deutschen Wissenschaft ging. Es begann damit eine lange und vertrauensvolle Zusammenarbeit zwischen den deutschen und britischen Gelehrten, die von größter Bedeutung für die Bundesrepublik werden sollte.

Am 3. Januar 1946 bestiegen die «Detaineden» endlich das Flugzeug nach Deutschland. Sie wurden vorübergehend in dem Dorf Alswede im Kreis Minden untergebracht. Mit Riesenschritten ging es nun dem normalen Leben entgegen. *Materiell geht es uns hier sehr gut, jedenfalls viel besser, als wenn wir vollständig frei wären.*[197]

Verantwortlich für die deutschen Gelehrten war nun Colonel Bertie Kennedy Blount vom «Research Branch» der britischen Militärregierung. Blount hatte noch vor Einbruch des Nationalsozialismus in Deutschland studiert und hier sein Doktorexamen gemacht. Er sollte sich als ein verläßlicher Freund in einer für die deutsche Wissenschaft kritischen Phase erweisen.

Am 12. Januar wurden Hahn und Heisenberg von Blount zu einer Fahrt nach Göttingen abgeholt. Es gab ein gerührtes Wiedersehen mit Max Planck, der bei seiner Nichte in der Merkelstraße in zwei möblierten Zimmern untergekommen war. Der greise Gelehrte hatte sich nach dem Zusammenbruch in gewohntem Pflichtbewußtsein bereit erklärt, die Präsidentschaft der Kaiser-Wilhelm-Gesellschaft – die er schon von 1930 bis 1937 innegehabt hatte – nochmals kommissarisch zu übernehmen. Nun drängte er Otto Hahn, ihn möglichst bald abzulösen.[198]

Um dieses Thema ging es auch bei dem Besuch in der Geschäftsstelle der Kaiser-Wilhelm-Gesellschaft. Der Generalsekretär Ernst Telschow hatte sich auch im Improvisieren als Meister erwiesen und schon wieder einen (fast) geregelten Bürobetrieb in dreieinhalb Zimmern an der Herzberger Landstraße aufgezogen. Am folgenden Abend traf man sich «bei Frau Telschow, bei dem das Wiedersehen sogar mit einer irgendwo aufgestöberten Flasche Sekt begossen und auf das Wohl des neuen Präsidenten getrunken wurde»[199].

Am 14. Februar 1946 begann ein neuer Abschnitt im Leben Heisenbergs, seine zweite Göttinger Zeit. Die kommenden zwölf Jahre in Göttingen waren vornehmlich dem Wiederaufbau gewidmet. Heisenberg hat wesentlich dazu beigetragen, daß sich die deutsche Wissenschaft erneut einen geachteten Platz in der Welt schaffen konnte. Ein «goldenes Zeitalter der Forschung», wie es Deutschland noch in den zwanziger Jahren erlebt hatte, konnte es freilich nach den von den Machthabern des Dritten Reiches angerichteten Schäden nicht mehr geben.

Wieder kam Heisenberg in enge Berührung mit der großen Politik. Zwar waren im demokratischen Staat die Voraussetzungen nun ganz andere als während des Dritten Reiches, und er konnte bei der Neugestaltung des wissenschaftlichen Lebens eine aktive Rolle spielen, aber auch diesmal blieben Enttäuschungen – große Enttäuschungen – nicht aus. Dafür waren ihm in seiner Wissenschaft weitere Erfolge beschieden.

Die ersten Monate waren schwer. In der mit Flüchtlingen überfüllten Stadt herrschte schlimme Not. In privaten Briefen berichtete Heisenberg über *Hunger und miserables Wohnen (Strohsack statt Bett etc.)*[200]. Noch schlimmer war die Trennung von der Familie. Nur einmal hatte er seine Frau und die Kinder in Urfeld besuchen dürfen.

Die «Neue Zeitung» meldete, daß Heisenberg seinen «Lehrstuhl an der Universität Göttingen wieder eingenommen habe», worauf sich die alten Freunde in München keinen Vers machen konnten, denn Heisenberg hatte sich zwar 1924 in Göttingen habilitiert, war aber hier nie Professor geworden. So schrieb er an Sommerfeld: *Die Nachricht... ist natürlich reiner Unsinn. An der Universität hier habe ich noch keinerlei Stellung, halte natürlich auch keine Vorlesung und werde vielleicht im Winter Honorarprofessor werden. Dagegen bin ich theoretisch Direktor eines K. W. Instituts für Physik, von dem wenigstens das Gebäude und vier Mitarbeiter vorhanden sind; arbeiten können wir noch nicht, da wir noch keine Werkstatt und erst ganz wenige Instrumente haben.*[201]

Die schlimme Zeit, in der er von seiner Frau und den sechs Kindern getrennt war, ging nun zu Ende. *Ich hatte das Glück, für meine Familie ein Haus in unmittelbarer Nachbarschaft der Wohnung Plancks mieten zu können.*[202]

Schon im Dezember 1947 wurde Heisenberg *nach Cambridge, Edinburgh und Bristol zu Vorträgen eingeladen. Der Empfang durch die Kollegen war sehr herzlich; von einer bewußten Deutschfeindlichkeit war höchstens bei den jüdischen Kollegen gelegentlich im Unterton etwas zu spüren. Ich muß aber besonders Borns hervorheben, die ganz reizend gastfreundlich waren, ganz so wie in der alten Zeit. Am meisten hat mich aber die Reaktion der englischen Studenten gefreut; in Cambridge waren mehrere hundert in den doch reichlich theoretischen Vortrag über «Theorie der Elementarteilchen» gekommen und brachten Ovationen, die ganz ausdrücklich sagen wollten: wir wissen zwar, daß Du Deutscher bist, aber gerade deshalb wollen wir Dir besonders zeigen, daß wir Dich gern hören.*[203]

Bereits am 1. Januar 1946 hatte sich auf Anregung von Colonel

Frau Elisabeth Heisenberg

Blount der «Deutsche Wissenschaftliche Rat (German Scientific Advisory Council)» gebildet, der nicht nur die britische Militärregierung «in allen wissenschaftlichen Fragen beraten sollte», sondern «auch von sich aus Wünsche und Anregungen an die Militärregierung weiterleiten» konnte. Nach ihrer Rückkehr aus England gehörten Hahn und Heisenberg zu dem kleinen, aber wichtigen Gremium. Den Vorsitz führte Adolf Windaus.

Eine der größten Leistungen des Wissenschaftlichen Rates war die Wiederbegründung der in Berlin völlig zerstörten Physikalisch-Technischen Reichsanstalt in Braunschweig-Völkenrode. «Dr. Fraser sprach Prof. Heisenberg seinen besonderen Dank aus, daß er und durch ihn die Deutsche Physikalische Gesellschaft in der Britischen Zone so schnell ... reagiert hat»[204], heißt es ausdrücklich im Protokoll einer Sitzung.

Als sich die Entstehung der Bundesrepublik abzuzeichnen begann, kam im Kreis der Göttinger Gelehrten der Gedanke auf, eine zentrale Institution für die deutsche Wissenschaft zu schaffen. Wie bisher der «German Scientific Advisory Council» erfolgreich mit der britischen Militärregierung zusammengearbeitet hatte, so sollte das neue Gremium der legitimierte Gesprächspartner für die künftige deutsche Regierung sein. Nachdem die Machthaber des Dritten Reiches in ihrem völligen Unverständnis für das wahre Wesen der Wissenschaft den größten Schaden angerichtet hatten, sollte künftig der demokratische Staat eine vernünftige Wissenschaftspolitik betreiben zum Nutzen aller; denn in der Mitte des 20. Jahrhunderts ist es die Wissenschaft, die weitgehend das Schicksal einer Industrienation bestimmt. *In den Ländern mit alter demokratischer Tradition hat man ... die Folgerung gezogen, daß die Wissenschaft einen Teil der Verantwortung im öffentlichen Leben in aller Form selbst übernehmen muß; man hat daher als Vertretung der Wissenschaft etwa einen «National Research Council» oder verwandte Einrichtungen gebildet, die die Verbindung zwischen der Wissenschaft und der staatlichen Verwaltung herstellen.*[205]

Die entsprechende deutsche Institution sollte der «Deutsche Forschungsrat» werden, ein kleiner Kreis von Gelehrten, jeder einzelne legitimiert durch seine wissenschaftliche Leistung und menschliche Haltung. An die Spitze trat als Präsident Werner Heisenberg; Vizepräsident wurde der Physiologe Hermann Rein.

Mit großen Hoffnungen und viel Elan begann Heisenberg seine neue Tätigkeit. Aber von Anfang an stand die Arbeit unter einem schlechten Vorzeichen: Zwei Monate vor dem Forschungsrat war, am 11. Januar 1949, die alte «Notgemeinschaft der Deutschen Wissenschaft», die sich in den zwanziger Jahren als Selbsthilfe- und Selbstverwaltungsorganisation der deutschen Forschung so außerordentlich bewährt hatte, neu gegründet worden. Notgemeinschaft und Forschungsrat hatten das nämliche Hauptziel: im Zusammenwirken mit Staat und Industrie den materiellen und geistigen Wiederaufbau der deutschen Wissenschaft zu erreichen. Das Aufgabengebiet, wie es beide Organisationen in ihren Satzungen für sich definiert hatten, stimmte zum großen Teil, aber nicht vollständig überein, und entsprechend waren auch die Vorstellungen über den Weg ähnlich, wichen aber doch in einigen Punkten voneinander ab. So war es fast unausbleiblich, daß es zu Reibereien kam. Als Exponent des Forschungsrates geriet Heisenberg – ganz wider eigenen Willen – mitten in die Auseinandersetzungen.

Die Notgemeinschaft plädierte entschieden für die Abschirmung der Wissenschaft von politischen Einflüssen und berief sich dabei auf die sehr negativen Erfahrungen, die die Gelehrten während des Dritten Reiches hatten sammeln müssen. Bei einer allzu engen Verbindung mit dem Staate sah die Notgemeinschaft für politisierende Nichtskönner unerwünschte Möglichkeiten, auf die Wissenschaft Einfluß zu nehmen; sie sah weiter eine große Gefahr – im Falle des Mißbrauchs der Staatsmacht – in einer ideologischen Verfälschung wissenschaftlicher Ergebnisse, wie es mit der «Deutschen Physik» im Dritten Reich geschehen war.

Heisenberg dagegen war überzeugt, daß Wissenschaft und Staat ihre Aufgaben in enger Partnerschaft lösen müßten. Auch bei ihm waren es die im Dritten Reich gesammelten Erfahrungen, die den Standpunkt begründeten: Sein Schlüsselerlebnis war der durch das gegenseitige Mißtrauen zwischen Staat und Wissenschaft verursachte Fehlschlag der deutschen Reaktorentwicklung. Bei der Rolle, die die Forschung im modernen Industriestaat spielt – die Kernphysik ist dafür nur ein Beispiel –, lassen sich in der Mitte des 20. Jahrhunderts weder Politik noch Wissenschaft unabhängig voneinander betreiben. Die Trennung von Wissenschaft und Politik kann deshalb nur eine Illusion sein, eine gefährliche Flucht aus der Verantwortung, die der Wissenschaftler in der modernen Welt hat. *Der Gedanke, zwar eine starke Unterstützung der wissenschaftlichen Forschung durch die Öffentlichkeit zu erstreben, aber sonst für weitgehende Trennung der beiden Bereiche zu plädieren, schien mir nicht mehr in unsere Zeit zu passen.*[206]

Mit Max von Laue und Otto Hahn

Gründung der «bizonalen» Max-Planck-Gesellschaft.
Links B. K. Blount und Otto Hahn, rechts Ernst Telschow

In einer wichtigen Phase des Wiederaufbaues redete die Wissenschaft mit zwei Zungen. Die Gelehrten waren sich einig, daß die unerträgliche Dualität baldmöglichst beendet werden müsse. Aber – es konnte nicht anders sein – Notgemeinschaft und Forschungsrat sahen die Lösung anders. Die Notgemeinschaft schlug einen sofortigen Zusammenschluß vor, der Forschungsrat plädierte für Abgrenzung der Aufgaben.

Die Gegensätze spitzten sich immer mehr zu. Am 11. Januar 1951 erhob Karl Geiler, der Präsident der Notgemeinschaft, in einem Brief an Heisenberg den Vorwurf, der Urgrund der Spannungen zwischen beiden Organisationen liege in der «beim Forschungsrat immer wieder hervorgetretenen Tendenz zwischen Forschungsrat und Notgemeinschaft nicht das Gleichheitsprinzip anzuwenden, sondern eine Art Überlegenheit des Forschungsrates über die Notgemeinschaft zu konstituieren»[207].

Max Planck, eine ungewöhnlich harmonische, in sich ruhende Persönlichkeit, hatte sich während seines langen Lebens keinen einzigen persönlichen Feind geschaffen. Bei Heisenberg, der in vielem, auch in der charakterlichen Veranlagung, Planck so ähnlich ist, war das anders. In dem Ringen zwischen Forschungsrat und Notgemeinschaft gab es bittere Animositäten. Die Erklärung findet sich wohl darin, daß Planck, der nach der Jahrhundertwende als Praeceptor Physicae eine ähnliche Rolle spielte wie Heisenberg seit Ende des Zweiten Weltkriegs, sich in der Wissenschaftspolitik auf eine passive, die Gegensätze ausgleichende Rolle beschränkt hatte, während Heisenberg aktiv gestalten wollte.

Vielleicht hat Heisenberg zu wenig politisch gedacht. «Politisch denken», das heißt vor allem das nicht Machbare rechtzeitig fallenlassen. In dem Bewußtsein, nun nicht mehr im Dritten Reich zu leben, sondern in einem Staat, dessen politischer Führung er vertraute, hat er wohl nicht gesehen, daß oft tausenderlei Rücksichten die beste Lösung verhindern. Für Heisenberg gründete sich die Hoffnung, die als richtig erkannten Grundsätze auch tatsächlich verwirklichen zu können, auf den Bundeskanzler.

Heisenberg und Konrad Adenauer trafen mehrmals zu Besprechungen zusammen, die mitunter in einen privaten Gedankenaustausch einmündeten. Zwischen den beiden so verschiedenen Männern entwickelte sich ein besonderes Vertrauensverhältnis; Adenauer hat sich später, als die Frage der Atombewaffnung der Bundeswehr akut wurde und die Physiker in der politischen Auseinandersetzung als Fachleute eine gewisse Schlüsselstellung gewannen, Heisenberg gegenüber auf dieses Vertrauensverhältnis mit Erfolg berufen und Heisenberg lange Jahre zu einer besonderen Rücksichtnahme auf die Politik des Kanzlers verpflichten können. Umgekehrt hat Adenauer sicher nicht die gleiche Loyalität Heisenberg gegenüber bewiesen. Mehrfach hat er in Grundfragen der deutschen Wissenschaftspolitik Zusagen nicht erfüllt, wenn es «das Primat der Politik» geboten erscheinen ließ.

Von links: Planck, von Laue, Hahn. Ganz rechts: Heisenberg

Der 50. Geburtstag

Das zeigte sich bei den Verhandlungen über den «Deutschen Forschungsrat». Adenauer hatte in Aussicht gestellt, die in der Denkschrift vom 1. September 1949 formulierten Wünsche des Forschungsrates zu erfüllen und insbesondere einen namhaften Betrag als Sondermittel des Bundes zur Förderung der wissenschaftlichen Forschung bereitzustellen.

Da aber früher die Wissenschaft, sofern sie überhaupt Reichsangelegenheit war, zum Ressort des Innenministeriums gehört hatte, opponierte das Bundesinnenministerium gegen die Pläne, die Dienststelle für Forschung im Bundeskanzleramt zu errichten. Der Kompetenzstreit führte zu der grotesken Situation, daß der Forschungsrat nach den Zusagen Adenauers einerseits hoffte, bald über viele Millionen für gezielte Förderungsmaßnahmen zu verfügen, andererseits nicht wußte, wie er die Kosten für die kleine Geschäftsstelle decken sollte.[208]

Als endlich der Brief Adenauers mit der Anerkennung des Forschungsrates eintraf, war es längst zu spät. Die «Fusion» zwischen Notgemeinschaft und Forschungsrat konnte nicht mehr aufgehalten werden. Diese sogenannte «Fusion» zwischen dem kleinen Gremium Forschungsrat und der großen Organisation Notgemeinschaft bedeutete aber nichts anderes, als daß die letztere in leicht veränderter Gestalt weiterbestand, der «Deutsche Forschungsrat» aber aufhörte zu existieren.

Die «Notgemeinschaft der Deutschen Wissenschaft» nahm wieder den Namen «Deutsche Forschungsgemeinschaft» an, den sie auch schon früher, in den dreißiger Jahren, getragen hatte. Was dem bisherigen Forschungsrat besonders wichtig gewesen war – die Beratung von Parlamenten und Regierungen –, erhielt nun der neugeschaffene «Senat»

95

Der deutsche Forschungsrat.
Von rechts: Heisenberg, Eucken, Eickemeyer, Butenandt

der Deutschen Forschungsgemeinschaft als Aufgabe zugewiesen. Elf der insgesamt 21 Mitglieder des ehemaligen Forschungsrates wurden in den Senat gewählt. «Es ist ein offenes Geheimnis», schrieb Ludwig Raiser, der neue Präsident der «Deutschen Forschungsgemeinschaft», «daß diese Verschmelzung in ihrer Durchführung auf große sachliche und personelle Schwierigkeiten gestoßen ist... Der Weg war weiter, als man zunächst geglaubt hatte, und erforderte von beiden Teilen ein hohes Maß an Selbstverleugnung. Sie wurde aufgebracht, weil das Ziel die Opfer wert schien.»[209]

Eine neue politische Aufgabe hat Heisenberg am 10. Dezember 1953 übernommen. An diesem Tag wurde die «Alexander von Humboldt-Stiftung» gegründet, und er erhielt, in einer kleinen Feierstunde, aus der Hand Konrad Adenauers die Urkunde, die ihn zum Präsidenten ernannte. «Zweck der Stiftung ist es», so heißt es in der Satzung, «wissenschaftlich hochqualifizierten jungen Akademikern fremder Nationalität ... die Möglichkeit zu geben, ein Forschungsvorhaben in der Bundesrepublik Deutschland durchzuführen.»

Im Kreise Bohrs in Kopenhagen und auf seinen Studienreisen in die USA hatte Heisenberg selbst empfunden, was der Gedankenaustausch mit Gleichgesinnten aus anderen Ländern für die Entwicklung junger Menschen bedeutet. Nun half er mit, in der heranwachsenden Generation eine weltoffene Gesinnung zu schaffen. In den über zwanzig Jahren seit der Gründung hat die Stiftung etwa 5000 jungen Wissenschaftlern aus aller Welt ermöglicht, gemeinsam mit deutschen Forschern in Deutschland zu arbeiten.[210]

Auch der neuen, in Kämpfen geborenen «Deutschen Forschungsgemeinschaft» hat Heisenberg seine Mitarbeit nicht versagt. Das Amt eines Vizepräsidenten, in das er bei der Fusion gewählt worden war, hat er allerdings schon bald wieder abgegeben. Eine sehr viel wichtigere Aufgabe war der Vorsitz in der am 29. Februar 1952 von der Forschungsgemeinschaft einberufenen Kommission für Atomphysik. Heisenberg hat in dieser Funktion der kernphysikalischen Grundlagenforschung entscheidende Impulse gegeben.

Auf vielen Gebieten hatte Deutschland seine einstige Spitzenstellung verloren. Um diesen Rückstand aufzuholen, wurden von der Forschungsgemeinschaft eine Reihe von «Schwerpunkten» geschaffen, darunter der Schwerpunkt «Atomphysik». Bis 1956 standen dafür insgesamt fast acht Millionen Mark aus dem Bundesetat zur Verfügung; zuständig für die Verteilung war die «Kommission für Atomphysik». Heisenberg konstatierte, *daß der größte Engpaß in der Kernphysik der Nachwuchsmangel sei. Es müßten unbedingt Arbeitsplätze geschaffen werden.*[121] Fast regelmäßig wurden auf jeder Sitzung an junge, vielversprechende Physiker Stipendien für Forschungsaufenthalte im Ausland, meist in den USA, vergeben.

Als es im Aufwind des europäischen Einigungsstrebens zur Gründung eines großen Kernforschungszentrums in Genf kam, empfahl die Atomkommission den Beitritt der Bundesregierung. Im «Europäischen Rat für kernphysikalische Forschung» waren Werner Heisenberg und Alexander Hocker die beiden deutschen Vertreter. Hocker leitete damals das für die Atomkommission zuständige Referat bei der «Deutschen Forschungsgemeinschaft» und wurde später Ministerialdirigent im Bundesministerium für Atomfragen.

Zuständig für das wissenschaftliche Programm der Genfer Großforschungsanlage – die unter dem Namen CERN für die Physiker ein fester Begriff wurde – war das «Scientific Policy Committee». Dieses Gremium wählte Heisenberg zum Vorsitzenden. Am 15. Dezember 1954 be-

Adenauer ernennt Heisenberg zum Präsidenten der Alexander von Humboldt-Stiftung, 10. Dezember 1953

richtete er – laut Protokoll – der deutschen «Kommission für Atomphysik»: *Auf einer Sitzung Anfang Dezember in Genf seien im «Scientific Policy Committee» Namen für die Neubesetzung der Direktorstelle diskutiert worden ... Für Deutschland werde ein politisches Problem insofern aufgeworfen, als die Bundesrepublik bei der Besetzung der leitenden Stellen bisher nicht angemessen gemäß ihren Beitragsleistungen berücksichtigt sei ... Obwohl man sich nicht darüber täuschen dürfe, daß die Stimmung Deutschland gegenüber in vielen Ländern gegenwärtig schlechter sei als etwa vor vier Jahren – in Amerika habe er das kürzlich selbst beobachtet –, wolle er doch in einem Brief an (Felix) Bloch jetzt noch einmal eine Erörterung über die Besetzung der acht führenden Stellungen anregen.*[212]

In Washington hatte Heisenberg im Auftrag der Bundesregierung an Verhandlungen über die künftige deutsche Atomtechnik teilgenommen. Durch die «Pariser Verträge» sollte die Bundesrepublik die volle Souveränität erhalten, womit das bisherige Verbot der Siegermächte zum Betrieb von Kernreaktoren hinfällig wurde. Die Rückgabe der Souveränitätsrechte war aber verbunden mit der Eingliederung in die militärische

Mit Stipendiaten bei der Feier zum 100. Todestag von Alexander von Humboldt

Allianz der Westmächte. Die vorgesehene Wiederaufrüstung war es, die in der Bevölkerung der USA und der anderen Alliierten jenen Stimmungsumschwung Deutschland gegenüber hervorrief, von dem Heisenberg der Atomkommission berichtet hatte.

Nach den Erfahrungen des Zweiten Weltkriegs stieß die geplante Wiederaufrüstung – die im politischen Kalkül Adenauers eine große Rolle spielte – auch in der deutschen Bevölkerung auf entschiedene Ablehnung. Bei der Behandlung der Pariser Verträge im Bundestag verschärften sich die Auseinandersetzungen zwischen Regierung und Opposition. «Muß Atomphysiker Heisenberg auf Ersuchen des Kanzlers schweigen?» überschrieben am 15. Februar 1955 die Zeitungen ihre Meldungen auf der ersten Seite: «Der neueste Schlager ist die Behauptung des SPD-Pressedienstes, daß der Bundeskanzler, Dr. Konrad Adenauer, den deutschen Atomphysiker Professor Werner Heisenberg gebeten habe, über deutsche Atomforschungen so lange nicht zu reden, bis nicht die Pariser Verträge ratifiziert sind.»[213]

Was war geschehen? Adolf Grimme, der Generaldirektor des NWDR, hatte mit Heisenberg einen Rundfunkvortrag über die Bedeutung der Kernenergie vereinbart. Adenauer befürchtete, daß Heisenberg auch einige Worte zu der in der Öffentlichkeit so leidenschaftlich diskutierten Frage der möglichen Anwendung im Kriege sagen könnte. Hunderttausende würden in der vom NWDR eingeräumten günstigen Sendezeit Sonntagabend Heisenberg hören, etwaige Äußerungen über die Schrecken eines Atomkrieges konnten – bei dem hohen Ansehen, das der Nobelpreisträger in der Öffentlichkeit besaß – die Unruhe in der Bevölkerung in gefährlichem Maße verstärken und die Ratifizierung der Verträge noch mehr erschweren. So ähnlich muß wohl Adenauer gedacht haben, als er bei Heisenberg intervenierte und ihn bat, den Vortrag abzusagen.

Adenauers Brief stürzte Heisenberg in einen Gewissenskonflikt; aber er erfüllte die Bitte des Kanzlers und schrieb an den NWDR: *Ich möchte Sie bitten, diesen Vortrag jedenfalls noch einige Zeit zu verschieben, denn ich habe vor wenigen Tagen einen Brief des Bundeskanzlers bekommen, in dem er mich ausdrücklich bittet, jede Besprechung der Atomenergiefrage in der Öffentlichkeit vor der endgültigen Ratifizierung der europäischen Verträge zu unterlassen.*[214]

Über die Absage war man in Kreisen der Opposition sehr enttäuscht; man war der Meinung, daß der Bundeskanzler die Loyalität Heisenbergs weit über Gebühr beanspruche und daß Heisenberg nicht hätte schweigen dürfen. Adolf Grimme gelang es, kurzfristig Otto Hahn zu gewinnen. Dessen Vortrag umriß die Schreckensvision eines künftigen Atomkrieges und ließ an Deutlichkeit nichts zu wünschen übrig.

Über das Bundespresseamt erklärte Adenauer, seine Bitte an Heisenberg, den Rundfunkvortrag abzusagen, habe lediglich außenpolitische Motive gehabt: «Es könnte [durch öffentliche Darlegungen über die zukünftige Rolle der Atomtechnik im Industriestaat] der Eindruck erweckt werden, daß die Bundesrepublik die noch geltenden besatzungsrechtlichen Bestimmungen nicht einhalten wolle. Von der Frage der Aufklärung der Bevölkerung über die Schrecken eines Atomkrieges war bei

den Erörterungen mit Professor Heisenberg mit keinem Wort die Rede. Gegen eine sachgemäße Aufklärung hat die Bundesregierung nicht das mindeste einzuwenden.»²¹⁵

Honni soit qui mal y pense. Was aber den ersten Teil der Presseverlautbarung betraf, so war er so falsch nicht. Seit Jahren drängte Heisenberg den Bundeskanzler, mit den Vorbereitungen zum Aufbau der Kerntechnik zu beginnen und die – trotz der alliierten Forschungsvorbehalte – gebliebenen Möglichkeiten auszuschöpfen. Adenauer, der aus diesem Anlaß keinen Konflikt mit den Westmächten wünschte, widersetzte sich.

Die Freigabe der deutschen Forschung erfolgte erst mit dem Inkrafttreten der Pariser Verträge genau zehn Jahre nach Kriegsende, am 5. Mai 1955. In diesen zehn Jahren hatten sich in der Welt große Dinge abgespielt. Wie aus der Elektrizitätslehre um die Jahrhundertwende die Elektrotechnik hervorgewachsen war, so hatte sich aus den kernphysikalischen Entdeckungen der Jahre 1938 bis 1942 inzwischen die Kernspaltungstechnik entwickelt. Während seinerzeit bei der Elektrotechnik von den grundlegenden physikalischen Entdeckungen bis zur technischen Anwendung etwa 30 bis 50 Jahre vergangen waren, lief Mitte des 20.

Jahrhunderts die Uhr wesentlich schneller. 1955 waren bereits amerikanische und sowjetische Reaktoren in Betrieb, die zu Versuchszwecken elektrische Energie erzeugten, und das britische Atomkraftwerk Calder Hall stand vor der Vollendung.

Eine Bestandsaufnahme des bisher Erreichten fand im August 1955 in Genf bei der ersten großen UNO-Konferenz über die friedliche Verwendung der Atomenergie statt. Auch die Bundesrepublik wurde zur Teilnahme eingeladen. Aus fünf Mitgliedern sollte die offizielle deutsche Delegation bestehen; zu ihrem Leiter wurde Werner Heisenberg benannt. «Heisenberg zunehmend entmutigt», hatten schon im Frühjahr 1955 die Zeitungen gemeldet. Nun verdichtete es sich zur Gewißheit: «Nobelpreisträger ernsthaft verstimmt» – «Professor Heisenberg kritisiert die Bonner Atompolitik».

Die Bundesregierung hatte sich für Karlsruhe als Standort des künftigen deutschen Atomreaktors – gegen Heisenbergs dringenden Wunsch – ausgesprochen. Auch die im Bundeshaushalt zur Förderung der Atomtechnik vorgesehenen 1,9 Millionen DM blieben weit hinter den Erwartungen zurück. *Bei den Entscheidungen der Bundesregierung für die*

Entwicklung der technischen Anwendung von Atomenergie sind die Ratschläge der Wissenschaft nicht ausreichend berücksichtigt worden. Die Wissenschaft ist von politischen Entscheidungen auf diesem Gebiet nicht unterrichtet worden.[216]

Heisenberg entschloß sich zu demonstrativem Protest. Er zog seine Zusage, die Bundesrepublik auf der Genfer Atomkonferenz zu vertreten, zurück. «Allgemeines Bedauern in Bonn», berichtete am 3. August die «Frankfurter Allgemeine»: «Möglicherweise wird von Abgeordneten noch versucht werden, mit Heisenberg vor der Genfer Konferenz Kontakt aufzunehmen, da sie der Meinung sind, daß es ohne ihn nicht gehe.»[217] Tatsächlich ging es nicht ohne Heisenberg. Die Genfer Konferenz im August 1955 endete mit einem Debakel. In der deutschen Delegation gab es erhebliche Differenzen. Immer wieder war in den Presseberichten vom weiten Rückstand Deutschlands in der Kernphysik und Kerntechnik die Rede. Ein Schock traf die Öffentlichkeit.

Nun endlich entschloß sich Adenauer zum Handeln. Am 15. Oktober 1955 wurde das «Bundesministerium für Atomfragen» gebildet und der Minister für besondere Aufgaben, Franz Josef Strauß, zum Atomminister ernannt, um ihm, wie Adenauer sagte, «eine größere Autorität zu geben»[218].

Als wissenschaftlichen Beirat berief die Bundesregierung auf Vorschlag von Strauß die «Deutsche Atomkommission» (DAK), der neben führenden Forschern auch Vertreter der Industrie und der Behörden angehörten. Die DAK bildete eine Reihe von Unterkommissionen; so wurde die unter dem Vorsitz Heisenbergs stehende «Kommission für Atomphysik» bei der «Deutschen Forschungsgemeinschaft» zugleich die Unterkommission «Kernphysik» des Ministeriums.[219] Als dann im Laufe der nächsten Jahre die «Deutsche Forschungsgemeinschaft» immer mehr ihre bisherige Aufgabe auf dem Gebiet der Kernphysik – die Förderung der Grundlagenforschung – an das Ministerium abgeben mußte, löste sich schließlich die DFG-Kommission auf; der gleiche Kreis von Wissenschaftlern traf sich aber weiterhin unter dem Vorsitz Heisenbergs beim Arbeitskreis «Kernphysik» des Atomministeriums.

Mit der Gründung des Ministeriums hatte sich zum Teil das verwirklicht, was Heisenberg 1949 mit dem «Deutschen Forschungsrat» gewollt hatte. Vorteilhaft für die Wissenschaft war gewiß, daß ein eigenes Ministerium politisch mehr durchsetzen konnte als eine Selbstverwaltungsorganisation. Das Ministerium hatte zur Förderung der Kernphysik ganz andere Mittel und Wege als die «Deutsche Forschungsgemeinschaft». Ohne die Gelder des Atomministeriums hätte es nie zu den Großforschungsanlagen kommen können, wie sie Ende der fünfziger Jahre für die Reaktor- und Elementarteilchenphysik in Karlsruhe, Jülich und Hamburg entstanden.

Die von Heisenberg gesuchte Nähe zur Regierung brachte aber auch Probleme. In der politischen Erörterung tauchten, wenn auch zunächst zaghaft, Vorschläge zur Ausrüstung der Bundeswehr mit Atomwaffen auf. Der neue Atomminister war zugleich stellvertretender Vorsitzender im Bundesverteidigungsrat. *Es beunruhigte mich, daß für die Menschen, die hier die wichtigsten Entscheidungen zu treffen hatten, die*

Grenzen zwischen friedlicher Atomtechnik und atomarer Waffentechnik fließend waren.[220]

Die Auseinandersetzung steigerte sich zu einer leidenschaftlichen Diskussion in der Bevölkerung. «Kampf dem Atomtod» war die Parole. Der Bundeskanzler aber rechnete damit, wie bei den Debatten um den Verteidigungsbeitrag, auch diesmal die Proteste überspielen zu können: «Die taktischen Atomwaffen sind im Grunde nichts anderes als eine Weiterentwicklung der Artillerie, und es ist ganz selbstverständlich, daß bei einer so starken Fortentwicklung der Waffentechnik ... wir nicht darauf verzichten können, daß unsere Truppen auch bei uns – das sind ja besondere normale Waffen in der normalen Bewaffnung – die neuesten Typen haben, und die neueste Entwicklung mitmachen.»[221] Die Erklärung Adenauers in der Bundespressekonferenz vom 5. April 1957 sollte beschwichtigend wirken, aber eben darum rief sie bei den Eingeweihten Entsetzen hervor: *Eine solche Darstellung schien uns das Maß des Erträglichen weit zu überschreiten. Denn sie mußte fast zwangsläufig der deutschen Bevölkerung ein völlig falsches Bild von der Wirkung der Atomwaffen vermitteln.*[222]

Für die Deutsche Atomkommission, die eigens berufen war, um die Bundesregierung in «Atomfragen» zu beraten, stellte sich mit Schärfe das Problem der politischen Verantwortung. Qui tacet, consentire videtur. Wer schweigt, stimmt zu. *Wir fühlten uns also verpflichtet, zu handeln.*[223]

Das «Göttinger Manifest», die Erklärung gegen die Atombombe[224], schlug selbst ein wie eine Bombe. In großer Aufmachung berichteten am 13. April 1957 die Tageszeitungen.

Achtzehn Atomforscher hatten den Aufruf unterschrieben. Da die Formulierung von den Göttinger Physikern stammte, insbesondere von Carl Friedrich von Weizsäcker, und da auch von den anderen fast jeder früher einmal in Göttingen gewirkt hatte, sprach die Presse kurzerhand von den «Göttinger Achtzehn». Damit war die Verbindung hergestellt zu den «Göttinger Sieben», den sieben Professoren der Georg-August-Universität, die 1837 gemeinsamen Protest gegen die Suspendierung der Verfassung eingelegt hatten. In der Tat lag ein Vergleich nahe, auch was die ungemein heftige Reaktion der «Obrigkeit» betraf.

«Adenauer attackiert die Atomforscher», war die Schlagzeile am 15. April: «Bundeskanzler Adenauer beschuldigte die Wissenschaftler mit großer Schärfe, an den politischen und militärischen Gegebenheiten vorbeizugehen und sich ein Urteil in einer politischen Frage anzumaßen, für die sie nicht kompetent seien.»[225]

Das sehr negative Presseecho veranlaßte Adenauer, einige der führenden Atomforscher zu einer Unterredung nach Bonn einzuladen. *Ich sagte ab, weil ich mir nicht vorstellen konnte, daß neue Gesichtspunkte zu einer Annäherung der Standpunkte führen könnten, und da ich mir auch aus gesundheitlichen Gründen noch keine harte Auseinandersetzung glaubte leisten zu können. Adenauer rief mich an, um mich umzustimmen.*[226]

An der großen Aussprache im Bundeskanzleramt am 17. April 1957 hat Heisenberg aber doch nicht teilgenommen. An dem Konferenztisch

Kampf dem Atomtod. Demonstration der SPD in Stuttgart, 18. Mai 1958

saßen Hahn, Gerlach, Riezler, Laue und Weizsäcker, ihnen gegenüber Strauß, Adenauer, Hallstein und Globke; auch die Generale Heusinger und Speidel waren zugegen. Das Gespräch war gekennzeichnet durch die Konfrontation zwischen den Physikern und dem Verteidigungsminister Strauß und eine souveräne Gelassenheit des zum Einlenken bereiten Bundeskanzlers. Schließlich ging die Sitzung in gelockerter Atmosphäre zu Ende: Hahn dankte für die Einladung und sagte, er sei am Morgen doch mit etwas Angst hereingekommen. Der Bundeskanzler erwiderte: «Wat denken Sie, wat ich für Angst hatte.»[227] Das war wohl mehr als ein kleiner Scherz. In der Tat brachte der Appell der «Göttinger Achtzehn» den Kanzler in ernsthafte Schwierigkeiten. Im September standen Bundestagswahlen bevor.

Um ein Haar hätte das Göttinger Manifest der deutschen Politik eine andere Wendung gegeben. Im letzten Moment gelang es aber Adenauer, mit der Furcht vor einer sowjetischen Beherrschung Europas andere Emotionen zu wecken; die Entscheidung des Wählers wurde zudem personalisiert, und dem «politischen Urgestein» Konrad Adenauer hatte die SPD nur die biedere Lauterkeit eines Erich Ollenhauer entgegenzusetzen. Bei den Wahlen zum Deutschen Bundestag erhielt die CDU/CSU erneut die absolute Mehrheit.

Konstituierung der Deutschen Atomkommission.
Von links: Heisenberg, Haxel, Hahn, Strauß

Auf dem Wege ins Bundeskanzleramt. Von links: Hahn, Gerlach, von Weizsäcker

MÜNCHEN LEUCHTET

Schon 1937 hatte die Rückkehr nach München zum Greifen nahege-
standen. Die Berufung auf den Lehrstuhl Sommerfelds war zu Heisenbergs Enttäuschung gescheitert, weil die «große Politik» eingegriffen
hatte. Nun war – freilich aus ganz anderen Gründen – die Übersiedlung nach München wieder zu einem Politikum geworden.

Als der Münchner Kulturreferent Dr. Herbert Hohenemser für die
Achthundert-Jahr-Feier der Stadt 1958 einen Festredner suchte, schien
sich für diese Aufgabe kein anderer so profiliert zu haben wie Werner

Heisenberg. «Dieser Dr. Hohenemser, Journalist, bevor er in städtische Dienste trat, hatte sich von der aparten (aber in diesen Wochen, in denen der Gelehrte mit seinem Institut von Göttingen nach München übersiedelt, doch auch sich anbietenden) Idee, Heisenberg zum Hauptgratulanten zu machen, zweifellos einen Gag versprochen. Mit ihm dachten viele, sie würden nun so etwas wie Münchner Atomphysik hören.» So berichtete Erich Kuby, Sonderkorrespondent der «Welt», über dieses Münchner Kulturereignis: «Aber der Mann, der dann sprach, war nicht dem Studenten vergleichbar, der nur die Würmer gelernt hat und im Examen, über den Elefanten befragt, mit einem kühnen Satz herab von den Elefanten zu den Würmern springt. Heisenberg hielt die Münchner Rede eines Münchners comme il faut; er tat vor viertausend Ohren einen Kopfsprung ins Münchner Herz hinein – daß es nur so klatschte, nachher, minutenlang – indem er mit heiterer Gelassenheit sein eigenes Münchner Herz öffnete.»[228]

Mit schlichten Sätzen gab Heisenberg sein Bild der vielgeliebten Stadt und erzeugte eine Stimmung, wie es vor ihm ähnlich Thomas Mann in der Novelle «Gladius Dei» vermocht hatte, die mit den Worten beginnt «München leuchtete». *Wenn der Name München erklingt, wer dächte da an die Nüchternheit der Naturwissenschaften? Bei diesem Namen kommen andere Bilder in unseren Sinn. Die Ludwigstraße, vom Siegestor zur Feldherrnhalle vom Sonnenlicht übergossen, der Blick vom Monopteros über die blumenübersäten Wiesen des Englischen Gartens hin zur Frauenkirche, «Figaros Hochzeit» im Residenztheater, die Dürerbilder in der Pinakothek, der mit Skiern überfüllte Zug nach Schliersee und Bayrischzell, und schließlich das Bierzelt auf der Oktoberfestwiese, das mit dem bayerischen Löwen gekrönt ist. Das alles ist München.*[229]

Die Rede war eine Liebeserklärung Heisenbergs an die Stadt, dabei aber, wie die Presse feststellte, «weit davon entfernt, irgendwo in plumpe, termingerechte Lobhudelei auszuarten». Danach, so schrieb Erich Kuby, «beschlossen die von anderswo herbeigeeilten Gäste, so bald als möglich Mittel und Wege zu finden, um für den Rest ihres Lebens nach München zu ziehen: denn sie hatten, während sie Heisenberg zuhörten, einzusehen gelernt, daß man füglich nur in München ein menschliches Leben führen könne... Als Heisenberg den Saal verließ, traf er unter der Tür mit dem Verteidigungsminister zusammen; wie immer trefflich mit der Situation synchronisiert, rief Strauß aus: ‹Ja, Herr Professor, wir Max-Absolventen!› Er ist nämlich auf dasselbe Münchner Gymnasium gegangen wie der Physiker.»[230]

Mit seiner «Hymne an die Isar-Metropole» hat Heisenberg den Münchnern aus der Seele gesprochen. Für ihn selbst war die Festrede der Dank dafür, daß er nun doch hatte heimkehren dürfen nach München und daß ihn die Stadt aufnahm als einen, der schon immer dazugehört hatte. Im Januar war er mit seiner Frau und den sieben Kindern aus der Göttinger Merkelstraße in die ihm von der Max-Planck-Gesellschaft als Wohnsitz errichtete Villa in der Rheinlandstraße am Rande des Englischen Gartens umgezogen. Von hier aus konnte er, wie er es von Göttingen her gewohnt war, zu Fuß in wenigen Minuten sein Institut erreichen, und ein kleiner Umweg ermöglichte es ihm, daraus einen Spaziergang im Grünen zu machen.

Nach dem Leben in dem idyllischen Göttingen, wo natürlich jeder «die Heisenbergs» kannte, war die partielle Anonymität in der Großstadt willkommen. (Eine kleine Ernüchterung in der «Weltstadt mit Herz» gab es für Frau Heisenberg: Mit dem Auto im Stadtinnern unterwegs, war sie an einer Kreuzung im Zweifel, ob man hier abbiegen dürfe und richtete einen fragenden Blick auf den Verkehrspolizisten. Worauf ihr zugerufen wurde: «Schaug ned so wia a g'stochn's Kalb, fahr zua!»)

Der Vortrag Heisenbergs am 14. Juni 1958 im Kongreßsaal des Deutschen Museums zur Achthundert-Jahr-Feier der Stadt München war nur eine von vielen großen Reden. Wenn Heisenberg spricht, strömen die Zuhörer. Er ist zwar kein glänzender Redner; aber er fesselt durch eine ungewöhnliche geistige Klarheit.

In den 1973 in zehnter Auflage erschienenen *Wandlungen in den Grundlagen der Naturwissenschaft* sind einige Vorträge gesammelt; andere, vornehmlich aus den letzten Jahren, findet man in dem Band *Schritte über Grenzen*.

Als Hochschullehrer und Vortragender hat Heisenberg die Erfahrung von 50 Jahren; trotzdem zeigt er, wenn er am Pult steht, eine eigentümliche Scheu vor der Menge und die Augen weichen dem neugierigen Starren des Publikums aus. Im Laufe seines Lebens hat Heisenberg einige Übung darin gewonnen, mit dem übergroßen Interesse der Menschen an seiner Person fertigzuwerden. Im Gespräch lenkt er die Aufmerksamkeit von sich auf sachliche Probleme, oder er bemüht sich, in einer grö-

Das Max-Planck-Institut für Physik und Astrophysik in München

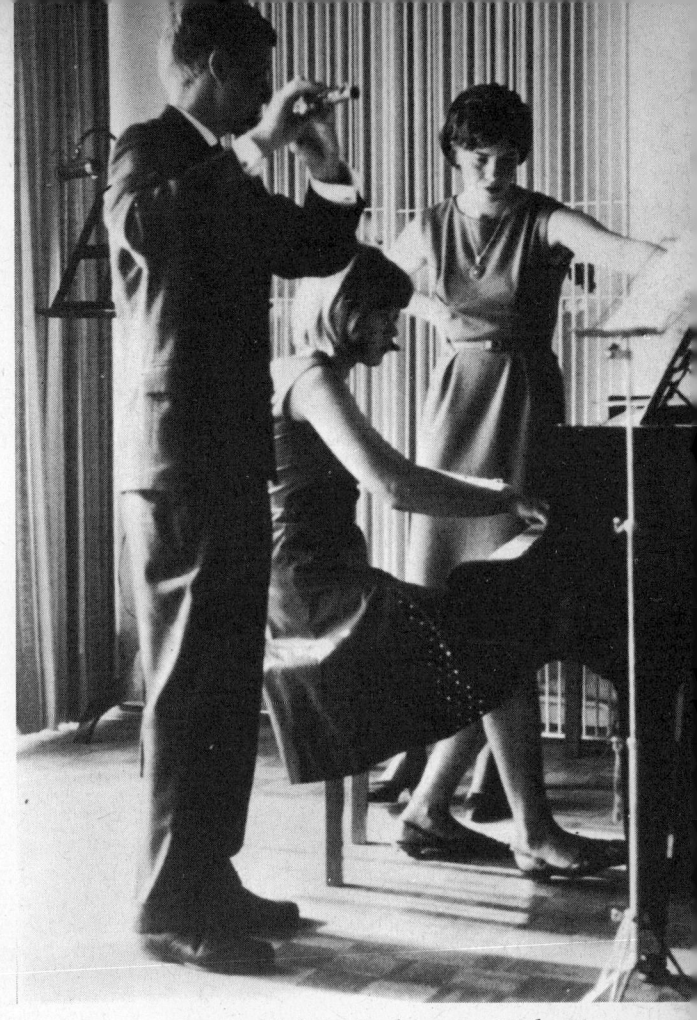

Hausmusik bei Heisenbergs. Die Kinder Martin,
Verena und Barbara

ßeren Runde, einem anderen das Wort zu geben: *Wie machen Sie das?*
fragt er Gelehrte, Politiker und Handwerker.

Sein Bestreben, in der Unterhaltung selbst etwas zu lernen, ist am
ausgeprägtesten wohl im Kreise von Musikern. Er ist immer empfänglich für praktisch-technische Ratschläge am Klavier, die es ihm erleich-
tern, seine musikalische Vorstellung zu verwirklichen. So berichtet sein
Freund, der bekannte Geiger Dènes Zsigmondy: «Wenn er einem Meister am Klavier zuhört, ist seine Freude manchmal etwas getrübt von

dem lebenslang unerfüllten Wunsch, es selber auch ‹so hinzukriegen›. – Ich sehe sein Lächeln, die Arme leicht in die Höhe hebend, wenn wir an die knappe und doch allumfassende Aussage in einer der Kodas in Mozarts Klavierkonzerten denken. Oft sprach er bewundernd von dem Schluß der Leporello-Arie ‹Nella bionda ...›, wo es dann heißt: ‹Voi sapete quel che fa›. *Wie in diesen Takten der Gang der Dinge dieser Welt erfaßt wird, und das durch so einfache musikalische Mittel!* Hat das an Schönheit nicht etwas Ähnliches wie eine relativ einfache Formel, die ein riesiges Gebiet in der Natur erfassen kann?»[231]

In den Werken von Schubert, Mozart und Beethoven entgeht ihm keine der Überraschungen und Wendungen, und immer wieder findet er es rätselhaft, wie diese Meister innerhalb der gegebenen Kompositionsgesetze so Ungewöhnliches ausdrücken können, wie etwa Schubert im C-Dur-Quintett. Das Geheimnis scheint ihm in der Musik genau wie in der Wissenschaft in einem minimalen Überschreiten der traditionellen Regeln zu liegen.[232]

Hausmusik mit Freunden oder im Kreis der Familie ist für ihn die schönste Entspannung. Jedes der sieben Kinder hat ein Instrument erlernt, und er selbst ist ein Pianist von beachtlichem Niveau. Auch wenn er Werke spielt, denen er technisch nicht ganz gewachsen ist, machen die natürliche Frische seines Spiels und die spürbare Einsicht in die Zusammenhänge der Komposition die Wiedergabe zu einem Erlebnis. «Ich habe in manchen Klaviertrios, in Mozart- oder Beethoven-Sonaten regelrechte Sternminuten von Heisenberg erlebt, die an große Pianisten erinnerten», berichtete Dènes Zsigmondy.

Wie die Musik hat ihm auch die Lyrik immer viel bedeutet. Gegen Ende des Tages greift er nach der von Katharina Kippenberg ausgewählten Sammlung «Deutscher Gedichte». Den Grund für die enge Beziehung und Liebe zur Lyrik sieht die Tochter Barbara in «der Möglichkeit, Aussagen schweben zu lassen»: Kunst ist das Nicht-Gesagte und auf geheimnisvolle Weise dennoch Gesagte.[233] Auch in der Wissenschaft geht Heisenberg nicht mit einem sezierenden Verstande zu Werke, sondern versucht, ähnlich wie ein Dichter, die Natur intuitiv zu erfassen. Diese schöpferische Kraft, über die er in ganz einzigartiger Weise verfügt, ist das, was Liebig treffend die «Poesie des Naturforschers» genannt hat.

«Panta rhei» hat Heraklit gesagt, um auszudrücken, daß alles in der
Natur in Bewegung sei; aber schon er suchte, wie viele Naturforscher
in späterer Zeit, hinter den sichtbaren Veränderungen unveränderliche
Gegebenheiten. Eine solche fand von 1686 an Gottfried Wilhelm von
Leibniz in der Energie. Ein Pendel fällt und steigt, aber konstant ist seine Energie. Körper stoßen einander; ihre Bewegung ändert sich, aber
die Energie bleibt erhalten. Mit dieser Vorstellung bahnte sich ein Verständnis dessen an, was überhaupt in der Natur geschehen kann, in der
«besten aller Welten», wie Leibniz sagte.

Da trat eine Schwierigkeit auf: Zwar ist bei Stößen e l a s t i s c h e r
Körper die Energie nachweisbar konstant. Wie ist es aber bei unelasti-
schen Körpern, bei denen ganz offensichtlich ein Teil der Bewegungs-
energie der Körper verschwindet? Im 18. Jahrhundert war das eine un-
beantwortbare Frage: Es gab zwei Möglichkeiten. E n t w e d e r nahm
man mit Leibniz an, daß eine Umwandlung in die Energie der unsicht-
baren kleinsten Teilchen stattfindet. (Diese Umwandlung war damals
empirisch nicht nachweisbar, also ein Postulat, um das universelle Gesetz aufrechterhalten zu können.) O d e r man sah die Energiehaltung
als eine bloße Fiktion an. Diese Meinung vertraten d'Alembert und Voltaire. Voltaire ironisierte sehr witzig die Argumente von Leibniz für
die Energieerhaltung. D'Alembert warnte vor der Einführung meta-
physischer Gesichtspunkte und sagte, daß dafür in einer wahren Wissenschaft kein Platz sei.

Die Argumentation d'Alemberts wurde von Auguste Comte und später von Ernst Mach noch weiter erkenntnistheoretisch untermauert. Dieser sogenannte «Positivismus» hat in der Entwicklung der Wissenschaft
bis auf den heutigen Tag eine ganz entscheidende und oft verhängnis-
volle Rolle gespielt. So hat er die Formulierung des Energieprinzips um
150 Jahre aufgehalten. Der Positivismus ist der große philosophische
Gegner Heisenbergs. *Der Positivismus macht den Fehler, daß er den
großen Zusammenhang nicht sehen will, daß er ihn bewußt im Nebel
halten will; zumindest ermutigt er niemanden, über ihn nachzuden-
ken.*[234]

Nach einigem Tasten in seinen ersten Jahren als Physiker hat Heisenberg zu einem entschiedenen Platonismus gefunden. Selbstverständlich handelt es sich dabei um einen Neuplatonismus, wie er auch von
anderen Physikern vertreten worden ist, etwa von Galilei, der sagte:
«Das Buch der Natur ist in mathematischer Sprache geschrieben, deren
Buchstaben Dreiecke, Kreise und andere geometrische Figuren sind.»[235]

Die «Nuova Scienza», die neuzeitliche Naturwissenschaft, wie sie
seit Galilei und Kepler aufblühte, geht in einem wesentlichen Punkte
über Platon hinaus. Für Platon waren die irdischen Dinge nur höchst
unvollkommene Abbilder der ewigen Ideen: «Wenn einer sich über Ge-
genstände sinnlicher Wahrnehmung zu unterrichten sucht, nenne ich
das niemals ein wirkliches sich unterrichten, denn wirkliche Erkenntnis liegt nicht in diesen Gegenständen.» Nun lernte man, daß es eine
Brücke gibt zwischen den «Gegenständen sinnlicher Wahrnehmung»

Arbeit an der «Einheitlichen Theorie der Materie»

und den Ideen. In den meisten Fällen ist es möglich, die idealen Versuchsbedingungen experimentell wenigstens mit einer gewissen Annäherung zu erzeugen und damit das Ergebnis der gedanklichen Analyse zu überprüfen. Wo es im Platonismus nur die gedankliche Analyse gegeben hatte, wirken jetzt Verstand und Experiment zusammen.

Als Heisenberg mit 68 Jahren seine Autobiographie *Der Teil und das Ganze* schrieb, ging es ihm neben der Schilderung wichtiger Lebensstationen vor allem um die Begründung der eigenen erkenntnistheoretischen Position. Die beiden Gesprächspartner im ersten Kapitel des

Buches sind die Jugendfreunde Robert Honsell und Kurt Pflügel. Ihre Denkweisen repräsentieren die Philosophie platonischer Tradition und die pragmatische Experimentalwissenschaft, also sozusagen die beiden Antipoden, in deren Spannungsfeld sich die neuzeitliche Physik seit Galilei und Kepler entwickelt hat. In Heisenbergs eigener Arbeit verbinden sich beide Denkweisen so, daß die eine ohne die andere nicht zu verstehen ist, wie Carl Friedrich von Weizsäcker konstatiert.[236]

Diese Synthese von physikalischem Tatsachensinn und Intuition hatte Heisenberg die entscheidenden Beiträge zur Quantentheorie ermöglicht. 25 Jahre waren damals vergangen seit Plancks erstem Ansatz bis zur Kopenhagener Deutung; dabei hatten manche Probleme die Forscher oft jahrelang gequält. Und doch waren die Schwierigkeiten von einst nichts im Vergleich mit der Theorie der Elementarteilchen, um die sich Heisenberg seit den dreißiger Jahren bemüht hat. In seinen Briefen finden sich oft Formulierungen wie: *Aber die ganze Mathematik ist schauderhaft kompliziert – Nach längerem Nachdenken wird mir der Fall immer unklarer – Alles ist nur Vermutung.*

Pauli gestand einmal, daß er sich «in einem mir selber außerordentlich unbefriedigenden geistigen Zustand in Bezug auf die theoretische Physik befinde: Ich habe zwar das bestimmte Gefühl, daß alle vorliegenden Vorschläge zur Verbesserung der Theorie gerade am Wesentlichen vorbeigehen, weiß aber selber keinen Weg, der weiter führt. Ich erinnere mich, wie ich etwa 1923 oder 1924, von einer Reise aus Kopenhagen nach Hamburg zurückkehrend, dort berichtet habe: ‹Die großen Herren wissen auch nichts!› Ob es diesmal wieder so sein wird? Und doch war ja gerade damals die Ignoranz nur vorübergehend, im Jahre 1925 wußte man doch einiges mehr.»[237]

Seinerzeit hatte Pauli die Lösung des Problems von Bohr erwartet, aber der entscheidende Gedanke war von Heisenberg gekommen. Auch zur Physik der Elementarteilchen lieferte Heisenberg seit 1927 wichtige Beiträge, aber e i n entscheidender Gedanke reichte diesmal nicht aus.

In der Heisenberg zum 70. Geburtstag gewidmeten Festschrift schilderte Carl Friedrich von Weizsäcker die Bemühungen des Freundes: «Seine Physik hatte zwei leitende Themen, die Quantenmechanik und die einheitliche Feldtheorie. Die Quantenmechanik wirkt wie ein Siegeszug, die Feldtheorie wie ein zermürbender Stellungskrieg.»[238]

In immer neu vorgetragenen Angriffen suchte Heisenberg den Durchbruch zu erzielen. Aus dem Umkreis der platonischen Philosophie entwickelte und mathematisch geschärfte Gedanken eröffneten ihm nach und nach ein Verständnis für die geheimnisvolle Welt des Mikrokosmos. *Einer alten Gewohnheit entsprechend schicke ich Dir das Manuskript einer Arbeit, die von den Elementarteilchen handelt,* schrieb er einmal – es war Anfang 1950 – an Pauli: *Der Ausgangspunkt ist aber nicht die Quantenelektrodynamik, sondern die Art von allgemeinerer Elementarteilchenphilosophie, wie ich sie in den letzten Jahren immer wieder getrieben habe.*[239]

Wenn wir Heisenbergs Autobiographie folgen, war für ihn das entscheidende Ereignis die Entdeckung des Positrons im Jahre 1932. Erst kurz zuvor war als neues Elementarteilchen das Neutron gefunden worden, und Heisenberg hatte mit der Vorstellung, daß nicht, wie man bisher meinte, Protonen und Elektronen, sondern Protonen und Neutronen die Bausteine des Atomkerns bilden, einen wesentlichen Fortschritt erzielt. *Bis dahin hatten wir immer an die alte Vorstellung des Demokrit geglaubt, die man mit dem Satz umschreiben kann: «Am Anfang war das Teilchen». Man nahm an, die sichtbare Materie sei zusammengesetzt aus kleineren Einheiten, und wenn man immer weiter teile, so komme man schließlich zu den kleinsten Einheiten, die Demokrit «Atome» genannt hatte, und die man jetzt etwa «Elementarteilchen», zum Beispiel «Protonen» oder «Elektronen» nennen würde. Aber vielleicht war diese ganze Philosophie falsch. Vielleicht gab es gar keine kleinsten Bausteine, die man nicht mehr teilen kann. Vielleicht konnte man die Materie immer weiter teilen, aber am Schluß ist es eigentlich gar kein Teilen mehr, sondern man verwandelt Energie in Materie, und die Teile sind nicht mehr kleiner als das Geteilte. Aber was war dann am Anfang? Ein Naturgesetz, Mathematik, Symmetrie?*[240]

Was war am Anfang? Im Johannes-Evangelium lesen wir:

> Im Anfang war das Wort, und das Wort
> war bei Gott, und Gott war das Wort.

Mit der Übersetzung des griechischen «logos» als «Wort» war schon Goethe unzufrieden; nach längerer Erörterung entscheidet sich sein Faust für eine andere Version:

> Mir hilft der Geist! auf einmal seh ich Rat
> Und schreibe getrost: im Anfang war die T a t !

Dazu bemerkte einmal Walther Nernst in einem Brief an Max von Laue: «L o g o s ist natürlich als G e s e t z zu übersetzen. (Faust war wohl kein berühmter Übersetzer!!!); und da es am Anfang keine Menschen gab, so kann logos nur Naturgesetz bedeuten.»[241]

Unter den Naturgesetzen gibt es solche, die eine große Zahl anderer in sich schließen, die also weiterreichende Bedeutung haben. In dieser «Hierarchie der Naturgesetze» nehmen den höchsten Rang die sogenannten Erhaltungssätze ein. Einem solchen war schon Leibniz mit der «conservatio virium» auf der Spur gewesen; aber unter den wuchtigen Angriffen der Positivisten wurden um die Mitte des 18. Jahrhunderts die weiteren Bemühungen um die klare Erfassung dieses Satzes eingestellt. Der eigentliche Entdecker war dann erst um die Mitte des nächsten, des 19. Jahrhunderts Julius Robert Mayer. Dieser sprach von der «Kraft» als einem Objekt, das weder erschaffen noch zerstört werden könne. Neben diesem Energiesatz sind heute noch eine ganze Reihe anderer «Erhaltungssätze» bekannt.

1918 gelang der Göttinger Mathematikerin Emmy Noether die Formulierung eines tiefliegenden mathematischen Zusammenhangs: Jeder «Erhaltungssatz» ist die Folge einer Symmetrie der Naturgesetze. So sind die uns bekannten physikalischen Grundgesetze (etwa die Newtonschen Axiome der Mechanik) unabhängig von der Zeit; sie gelten heute so wie gestern und morgen. Ausdruck dieser Invarianz der Naturgesetze gegen Verschiebungen der Zeitskala ist aber nach dem Theorem von Emmy Noether gerade die Erhaltung der Energie.

Wenn nun für Heisenberg wie für Descartes, Leibniz, Planck und andere Platoniker *die Erhaltungssätze, etwa für die Energie oder die Ladung, einen ganz universellen Charakter tragen, daß sie über alle Gebiete der Physik hinweg gelten und durch Symmetrieeigenschaften in den Naturgesetzen zustande kommen, so liegt es nahe, zu sagen, daß diese Symmetrien entscheidende Elemente des Planes sind, nach dem die Natur geschaffen worden ist* [242].

Eine Generation vor Heisenberg konnte Planck als «das Absolute» mit einiger Sicherheit nur die Naturkonstanten bezeichnen, aber mit den Naturkonstanten allein läßt sich offenbar keine Theorie aufbauen. Heisenberg ist nun mit den Symmetrien einen wesentlichen Schritt weiter.

Die Elementarteilchen in der Philosophie Platos erhielten ihre Symmetrie aus der sogenannten «Raumgruppe», der Gruppe der Drehungen im dreidimensionalen Raum. Es handelt sich also dort um eine statische, unmittelbar anschauliche Symmetrie. Die neuzeitliche Physik aber bezieht die Zeit von Anfang an in ihre Naturbetrachtung ein. Seit Newton ist die Physik auf die Dynamik der Erscheinungen gerichtet. Sie geht von der Auffassung aus, daß in dieser sich ständig verändernden Welt nicht die geometrischen Formen das Bleibende sein können, sondern die Gesetze. Die Gesetze sind allerdings im Grunde auch nur abstraktere mathematische Formen, die sich aber eben auf Raum und Zeit beziehen ... Die endgültige Theorie der Materie wird, ähnlich wie bei Plato, durch eine Reihe von wichtigen Symmetrieforderungen charakterisiert sein ... Diese Symmetrien kann man nicht mehr einfach durch Figuren und Bilder erläutern, wie es bei den platonischen Körpern möglich war, wohl aber durch Gleichungen. [243]

Die weitgehende Umwandelbarkeit der Elementarteilchen führt Heisenberg dazu, die einzelnen Teilchen als verschiedene Ausprägungen eines «Urstoffes» anzusehen, den man wegen der Einsteinschen Äquivalenz entweder als Materie oder als Energie bezeichnen kann.

Gegen Ende des Jahres 1957 schien Heisenberg eine gewisse Klärung der Theorie erreicht. Am 14. Dezember teilte er Pauli seine neue Materie-Gleichung mit. Zur großen Freude Heisenbergs reagierte der sonst so kritische Pauli ungewöhnlich positiv, wie damals (1925 und 1927) beim Aufbau der Quantentheorie. *Wir haben ja beide den Eindruck, daß wir fast alle Bausteine für das puzzle-Spiel der Elementarteilchen beieinander haben; aber es ist immer noch mühsam, es zusammenzusetzen* [244], schrieb Heisenberg im Januar 1958 an Pauli.

In den intensiv fortgesetzten Diskussionen wurden noch fehlende «Bausteine» gefunden und die «Heisenberg-Gleichung» zur «Heisenberg-Pauli-Gleichung» ergänzt. Heisenberg schlug nun eine gemeinsame Veröffentlichung vor, die in den Grundzügen bis zur Abreise Paulis nach den USA fertiggestellt werden sollte: *Ich nehme an, daß wir diesmal doch wirklich eine Arbeit gemeinsam publizieren werden (dabei ha-*

Aus der Mikrowelt der Elementarteilchen: Photoerzeugung von
«strange particles» und Paarerzeugung. Blasenkammer-Aufnahme des
Deutschen Elektronen-Synchrotrons Hamburg

be ich einen persönlichen Wunsch: daß die Arbeit in der Zeitschrift für Naturforschung erscheinen soll, da sie mir als eine Art Schlußstein vorkommt zu einem Gebäude, an dem ich dort fast fünf Jahre gearbeitet habe). Ich möchte hoffen, daß wir bis zum 17. Januar die Hauptpunkte, nämlich Formulierung der beiden kontinuierlichen Gruppen und der zugehörigen Vertauschungsrelationen, Struktur der strange particles und der Leptonen klären können.[245]

Die Heisenberg-Pauli-Gleichung warf aber noch an vielen Stellen so schwierige mathematische und physikalische Fragen auf, daß eine Veröffentlichung vorerst zurückgestellt wurde. Statt dessen planten beide nun einen «preprint», eine vorläufe Form der wissenschaftlichen Mitteilung, wie sie vor allem in den USA üblich ist. Dabei wird ein Schreibmaschinenmanuskript vervielfältigt und an eine begrenzte Zahl von Kollegen versandt.

Auch die Abfassung des «preprints» gelang nicht mehr vor der Abreise Paulis in die USA. So wurde die Diskussion schriftlich fortgesetzt; aber wieder ergaben sich ständig neue Probleme. Die Mathematik der Heisenberg-Pauli-Gleichung war eben wirklich «schauderhaft kompliziert»: *Heute kam Dein Telegramm und ich war etwas unglücklich darüber, nicht etwa wegen des roof-Formalismus, der sicher noch verbesserungsfähig ist, sondern weil ich sehe, wie schwierig die Verständigung über 10 000 km auch trotz der modernen Technik immer noch ist. Ich bekomme jeden Tag neue Briefe von Physikern, die unbedingt sofort einen preprint haben wollen (z. B. Weisskopf und Landau). Jedenfalls hoffe ich, daß Dein Brief die Abänderungsvorschläge so enthält, daß ich sie sofort in den preprint einfügen und dann wegschicken kann.*[246]

Endlich, am 27. Februar 1958, war es soweit. *Unsere Arbeit habe ich heute verschickt. Du bekommst mit der gleichen Post zehn Exemplare der Neufassung von Seite 6 ... Auch bekommst Du noch eine Liste der Physiker, an die der preprint verschickt worden ist.*[247] Aber im gleichen Brief kündigte sich schon neues Unheil an. *Am Montag habe ich im Physikalischen Kolloquium (der Universität Göttingen) über unsere Arbeit vorgetragen. Leider kam davon etwas in die Zeitung, natürlich in furchtbar dummer Form.*[248]

Der Vortrag Heisenbergs über *Fortschritte in der Theorie der Elementarteilchen* im Großen Hörsaal der Göttinger Physikalischen Institute hatte viele Neugierige angelockt. Unter den Zuhörern befand sich, so berichtete später «Der Spiegel», ein Journalist, dessen physikalische Fachkenntnisse wenigstens so weit reichten, daß er den sensationellen Gehalt des Heisenberg-Vortrages zu erkennen vermochte: «Der Journalist sorgte dafür, daß Heisenbergs theoretische Atombombe vorzeitig platzte.»[249]

Am 24. Februar hatte der Vortrag am späten Nachmittag zur üblichen Kolloquiumszeit von 17 bis 19 Uhr stattgefunden, und keine 24 Stunden später, noch rechtzeitig für die Mittwoch-Ausgaben der Zeitungen, ging eine Meldung der Deutschen Presseagentur über die Fernschreiber: «der nobelpreistraeger prof. werner heisenberg machte ... eine aufsehenerregende mitteilung: der direktor des physikalischen instituts der max-planck-gesellschaft und seine mitarbeiter haben eine gleichung er-

Vorschlag für die Materie-Gleichung

$$\frac{\partial}{\partial x_\nu} \Psi = \ell^2 \gamma_\mu \gamma_5 \Psi (\Psi^+ \gamma_\mu \gamma_5 \Psi) = 0$$

Festsitzung für Max Planck in der Berliner Kongreßhalle.
Am Rednerpult: Heisenberg

Wolfgang Pauli

mittelt, die es in der geschichte der physik zum ersten male moeglich machen koennte, aus ihr heraus die gesamte physik abzuleiten . . .»[250]

Die «Welt» brachte ein Faksimile der Formel, und in einem Kommentar schrieb der Chefredakteur Hans Zehrer: «Wie eh und je manifestiert es sich [das Neue und möglicherweise Bewegende und Umstürzende] zunächst im kleinsten Kreise derjenigen, die damit etwas anzufangen wissen, bis es lange danach in veränderter Gestalt auch der breiten Masse sichtbar wird. Hoffentlich übt es dann nicht grimmige Gewalt, wie es immer zu geschehen pflegt, wenn es in unreine Hände fällt.»[251]

Soweit war es gekommen mit der Physik, dem stillen Paradies der Gelehrten in den goldenen zwanziger Jahren: Seit Hiroshima und Nagasa-

Ordenskapitel «Pour le mérite»

ki erwarteten die Menschen von jedem Fortschritt gleich eine neue Atombombe.

Die «Deutsche Presseagentur», «Die Welt» und «Frankfurter Allgemeine» waren aber erst der (noch seriöse) Anfang... *In den letzten Tagen gab es hier viel Ärger mit den Zeitungen. Ich hatte schon ein paar Mal in unserem Institut über unsere Arbeit vorgetragen; dabei war nichts passiert. Dann hatte Hund mich gebeten, auch im offizielleren Universitätskolloquium darüber zu reden. Dazu kamen furchtbar viele Leute und, ohne mein Wissen, offenbar auch Journalisten. Von denen wurde ein haarsträubender Unsinn publiziert im Stile von «das Ende der Physik» etc. Dann kamen hunderte von Anrufen, und ich habe schließlich meiner Sekretärin ein paar Sätze diktiert, die sie als meine Ansicht sagen durfte; von denen war der wichtigste, daß unsere Arbeit (leider hatte ich Deinen Namen nicht mit dem Epitheton «Nobelpreis» versehen, so daß Du zu meinem Ärger nicht symmetrisch mit mir genannt wurdest, jedenfalls nicht überall) «neue Vorschläge für eine einheitliche Feldtheorie machte, über deren Richtigkeit erst die Forschung der nächsten Jahre entscheiden könne». Daraufhin ebbte der Unsinn etwas ab; dann muß aber Landau in Moskau (sicher ohne Absicht) Öl in* die Flammen der journalistischen Begeisterung gegossen haben. Jedenfalls ging es unter Berufung auf die Moskauer Rede Landaus in verstärktem Maß los, während ich auf der Reise in Genf war. Ich hoffe, Du hast Dich nicht so viel geärgert wie ich. Weisskopf und ich haben uns nochmal von Genf aus bemüht, die Dinge in richtigere Gleise zu bringen (insbesondere hinsichtlich der Symmetrie zwischen uns beiden), aber der Unsinn war einmal geschehen. Das einzig Erfreuliche war Dein schöner Vergleich mit dem Tizianbild, der natürlich genau die Sachlage trifft.[252]

Pauli hatte auf die Zeitungs- und Rundfunkberichte an einige Kollegen einen «Kommentar» geschickt. Dieser Kommentar aber bestand nur aus einem weißen Briefbogen, auf dem mit vier Strichen ein großes Rechteck gemalt war. Darüber stand: «Dies soll der Welt zeigen, daß ich wie Tizian malen kann», und darunter: «Nur ein paar technische Einzelheiten fehlen.»[253] Pauli wollte damit zum Ausdruck bringen, daß

Physikertagung, Stuttgart 1962. Rechts hinter Heisenberg
der Autor dieser Studie

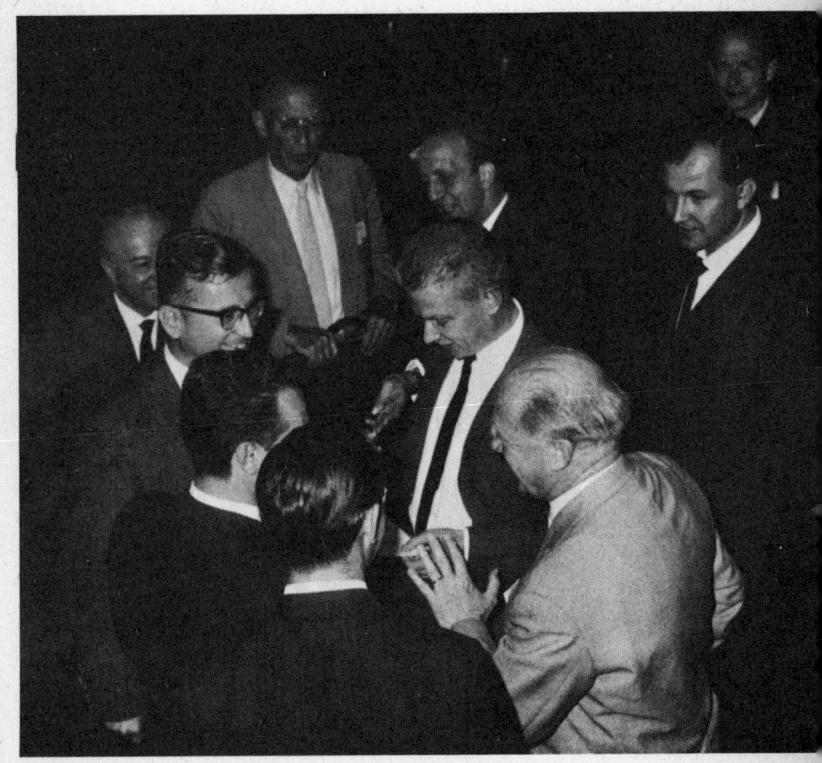

die Theorie vorläufig nur die großen Umrisse abstecke, daß aber die Ausgestaltung im einzelnen noch geleistet werden müsse. Diesen Vergleich hielt Heisenberg für zutreffend und meinte, daß die Formel vorläufig *nicht mehr geben kann als einen Rahmen, in den das Bild noch eingezeichnet werden muß* [254].

Fünf Wochen später, am 7. April 1958, gab es eine neue Enttäuschung für Heisenberg: Pauli teilte seine «definitive Entscheidung» mit, bei der Veröffentlichung, für die zuletzt die Zeitschrift «Nuovo Cimento» vorgesehen war, nicht mitzuwirken. *Du schreibst, man dürfe eine Arbeit nur publizieren, wenn man sie in allen Konsequenzen klar verstanden habe. Ich glaube, Du wirst zugeben, daß bei Anwendung dieses Prinzips weder Bohrs Arbeit über das Wasserstoffatom noch seine Arbeit über das periodische System, noch meine Arbeit über die Quantenmechanik hätte publiziert werden dürfen. Deine Formulierung: «Beträchtliche Unsicherheiten des Prinzips der ganzen Sache» wäre dort überall berechtigt gewesen. Dein Kriterium für die Publikationsreife wäre also dem Fortschritt der Physik abträglich und ist daher falsch.* [255]

Aber Heisenberg konnte Pauli natürlich nicht umstimmen. Es war eben so, wie Pauli selbst vor Jahresfrist noch an den Freund geschrieben hatte: «Meine eigene Psychologie ist, daß ich leichter d a s sehe, was gegen d a s spricht, was der andere sagt.» [256]

Heisenberg erschien es nicht richtig, *bei der ersten Schwierigkeit, die nicht in wenigen Tagen gelöst werden kann, den Terminus «endgültig gescheitert» zu verwenden ... während es sich doch einfach um eine langwierige, schwierige Arbeit handelt, bei der gelegentlich Schwierigkeiten auftreten müssen, bei der man oft wochenlang «im harten Holz bohren oder meißeln» muß, bevor die richtigen Strukturen herauskommen* [257].

Nach dem Vortrag im Physikalischen Kolloquium der Universität Göttingen am 24. Februar 1958 – der so etwas wie eine ungewollte Verlautbarung war – legte dann Heisenberg zur Feier des 100. Geburtstags von Max Planck in seiner Festrede die Theorie gleichsam offiziell der gelehrten Welt vor. 1800 Menschen füllten den modernsten Versammlungsraum Deutschlands, die Kongreßhalle in West-Berlin, und noch einmal tausend fanden im Theatersaal und in der Vorhalle Platz. Auf den Zugängen zur Bühne drängten sich Pressefotografen und die Reporter der Wochenschauen und des Fernsehens mit ihren optischen «Kanonen». Der Lärm und die Unruhe, die sie verbreiteten, stand in einem merkwürdigen Kontrast zur Ergriffenheit der vielfach jungen Zuhörer. Als im abgedunkelten Saal Heisenbergs neue Formel auf der Leinwand auftauchte, veranstalteten die Fotografen mit ihren Blitzlichtern minutenlang ein Feuerwerk.

Fundierter wissenschaftlicher Kritik stellen mußte sich Heisenberg zum erstenmal im Juni 1958 auf einer Tagung der «Europäischen Organisation für Kernforschung (CERN)» in Genf.

Unter den Kritikern Heisenbergs war – wie Associated Press berichtete – auch Wolfgang Pauli, der Zweifel an der Genauigkeit der mathematischen Berechnungen äußerte, die bei der Entwicklung der Theorie zugrunde lagen. Ohne daß dies notwendigerweise die von Heisenberg

Auf dem Chirurgenkongreß 1968 mit dem Freund Rudolf Zenker.
Links Rudolf Hanauer, rechts Alfons Goppel

gezogenen Schlüsse beeinträchtigen müsse, fehle der Theorie doch die demonstrierbare Beweiskraft. Professor Marvin Goldberger von der amerikanischen Princeton University erklärte, die Heisenbergsche Theorie sei von den Konferenzteilnehmern mit «erheblichem Unglauben» aufgenommen worden. «Die Idee der Theorie ist höchst bewunderungswürdig», sagte er, «aber mein persönliches Gefühl ist, daß die mathematischen Methoden, die Heisenberg anwendet, um zu bestimmten zahlenmäßigen Voraussetzungen zu gelangen, für suspekt gehalten werden müssen.»[258]

Mit der Aufstellung und Publikation der Formel war die *langwierige, schwierige Arbeit,* von der Heisenberg gesprochen hatte, nicht beendet, sondern fing nun eigentlich erst richtig an. Nicht Wochen, sondern Jahre um Jahre mußten Heisenberg und seine Mitarbeiter *im harten Holz bohren und meißeln.* Und trotzdem ist, bis auf den heutigen Tag, noch nicht geklärt, ob die *Einheitliche Theorie der Materie* die Ereignisse in der Welt der Elementarteilchen wirklich darstellt.

Die Situation ist mit der der ersten Jahre des 20. Jahrhunderts vergleichbar. Am 14. Dezember 1900 hatte Planck seinen Quantenansatz vorgelegt, den er – trotz aller Anstrengungen – nur teilweise untermauern konnte. Er war aber überzeugt, daß seine Formel richtig sei. Damals hat es bis zur Lösung des Problems fast dreißig Jahre gedauert. Wie viele Jahre wird es brauchen, bis sich die Richtigkeit der um ein Vielfaches komplizierteren Heisenbergschen Weltformel erweist? Und wird sich überhaupt die Richtigkeit erweisen? Die nüchternen Physiker sind in ihrer Mehrzahl skeptisch, und der Vorwurf, den einst Berzelius gegen Liebig erhoben hatte, trifft nun Heisenberg: «Die dichterische Anlage Deines Geistes führte Dich auf das grenzenlose Feld der Theorien, wo gerade die dichterische Anlage der gefährlichste Begleiter ist.» Dem kann Heisenberg nur entgegenhalten, daß ohne wissenschaftliche Phantasie, nur auf dem sicheren Boden altbewährter Vorstellungen und phänomenologischer Theorien, ein Durchbruch auf dem Gebiet der Elementarteilchen ebensowenig zu erreichen sein wird wie vor einem halben Jahr-

Mit Hans-Peter Dürr bei der Arbeit
an der «Einheitlichen Theorie der Materie»

Das Haus in Urfeld

hundert in der Atomphysik. Für Heisenberg ist es eine alte Erfahrung, daß die Kollegen seine Vorstellungen als «Spekulation» abtun – bis sie sich als zutreffend erweisen.

Das «Schaffen in Gedanken» hatte Justus von Liebig die «Poesie des Naturforschers» genannt. Daß die *Einheitliche Theorie der Materie* ein bewunderungswürdiges Gedankengebäude darstellt, steht bei allen Kennern außer Zweifel. Ob freilich Heisenbergs starke physikalische Intuition ihn wieder einmal, lange vor allen Kollegen, auf den richtigen Weg geführt hat, mit anderen Worten, ob die Weltformel tatsächlich mit der Natur zu tun hat, wagt heute mit Bestimmtheit noch niemand zu sagen.

Heisenberg ist von der Richtigkeit seiner Konzeption fest überzeugt. Die Bemühungen seines amerikanischen Kollegen Murray Gell-Mann, der die Elementarteilchen ganz anders zu verstehen sucht, nämlich als Zusammensetzungen aus noch «elementareren» materiellen Teilchen, den «Quarks», hält er schon im Ansatz für verfehlt. *«Am Anfang war die Symmetrie»*, das ist sicher richtiger als die Demokritische These *«Am Anfang war das Teilchen». Die Elementarteilchen verkörpern die Symmetrien, sie sind ihre einfachsten Darstellungen, aber sie sind erst eine Folge der Symmetrien ... Die Elementarteilchen können mit den regulären Körpern in Platos «Timaios» verglichen werden. Sie sind die Urbilder, die Ideen der Materie. Die Nuklëinsäure ist die Idee des Lebewesens. Diese Urbilder bestimmen das ganze weitere Geschehen. Sie sind die Repräsentanten der zentralen Ordnung.*[259]

Wissenschaft entsteht im Gespräch, hat Heisenberg gesagt. Sicher gilt das für ihn selbst. Seit der Münchner Studienzeit hat er immer wieder den Dialog gesucht. Im Laufe des Lebens wechselten seine Gesprächspartner: In den jungen Jahren waren es vor allem Sommerfeld, Pauli und Bohr gewesen. In Leipzig diskutierte er viel mit seinen Assistenten, mit dem später im Krieg gefallenen Hans Euler und mit Carl Friedrich von Weizsäcker. Der Dialog mit Weizsäcker setzte sich in Berlin und, nach dem Krieg, in Göttingen fort.

Bei der Entwicklung der *Einheitlichen Theorie der Materie* gab es den brieflichen Gedankenaustausch mit Wolfgang Pauli und daneben den mündlichen mit den Mitarbeitern, vor allem mit Hans-Peter Dürr. Bezeichnenderweise hat Heisenberg seiner Autobiographie die Form von Gesprächen gegeben: Im vorletzten Abschnitt von *Der Teil und das Ganze* behandelt er die Diskussion mit Pauli und im letzten die mit Weizsäcker und Dürr.

Ende 1970 wurde Heisenberg im Alter von 69 Jahren als Direktor des

Vor dem Haus in Urfeld

Max-Planck-Institutes für Physik und Astrophysik emeritiert. *Die Zeiten waren für uns friedlicher und ruhiger geworden, wir konnten uns häufiger an Wochenenden oder in den Ferienmonaten in unsere Walchenseeheimat zurückziehen. Wenn man auf der Terrasse vor dem Haus saß, leuchteten der See und die Berge in den Farben, an denen sich 40 Jahre früher Lovis Corinth in seinen Bildern begeistert hatte, und nur selten noch huschte vor meinem geistigen Auge das andere Bild aus den letzten Kriegstagen vorbei: Der amerikanische Oberst Pash kniet mit seiner Maschinenpistole im Anschlag hinter der Terrassenmauer, von der Straße hallen Schüsse herauf, und die Kinder müssen im Keller hinter den Sandsäcken warten, was weiter geschehen wird. Aber die unruhigen Zeiten waren vorbei, und wir konnten in Ruhe über die großen Fragen meditieren, die Plato gestellt hatte und die vielleicht in der Physik der Elementarteilchen jetzt ihre Lösung fanden.*[260]

Es mag sein, daß Heisenberg auf dem Gebiet der Elementarteilchen schon viel weiter vorgedrungen ist als Anfang unseres Jahrhunderts Max Planck mit der Quantenhypothese in der Atomphysik. Planck hatte die endgültige Lösung jüngeren Kollegen überlassen müssen. Vielleicht ist Heisenberg mit seiner Weltformel tatsächlich bereits so weit gelangt wie vor einem halben Jahrhundert, im Juni 1925, auf dem Gebiet der Atomphysik. Damals waren lediglich noch zwei Jahre bis zum vollen Abschluß der Theorie erforderlich gewesen, während es heute vielleicht nur die ungeheuren mathematischen Schwierigkeiten sind, die bis jetzt den Durchbruch verhindert haben.

Jedenfalls liegen die Probleme, davon ist Heisenberg überzeugt, nicht an der mangelhaften Kenntnis der Wirklichkeit. Seit den fünfziger Jahren haben die systematischen Versuchsreihen an den Hochenergie-Beschleunigern sehr viele Informationen über die Elementarteilchen und ihre Eigenschaften geliefert. *Diese Resultate ... machen es wahrscheinlich, daß mit den großen Beschleunigern das asymptotische Gebiet schon erreicht worden ist, daß man daher auch dort keine Überraschungen mehr zu erwarten hat. Ganz allgemein sollte man bei neuen Experimenten nicht einen Deus ex machina erhoffen, der plötzlich das Spektrum der Teilchen verständlich macht.*[261] Für die theoretische Physik ist das eine Herausforderung. Was steht hinter den Elementarteilchen? Quarks oder Weltformel? Gell-Mann oder Heisenberg, wo liegt die Wahrheit? «Die tieferliegenden und ursprünglichen Dinge kennt Gott allein», sagte Platon im «Timaios»: «Von den Menschen nur der, den Er lieb hat.»[262]

Werner Heisenberg

ANMERKUNGEN

1 Brief an Niels Bohr, 6. April 1924

2 Franz Dölger: «August Heisenberg. Geboren 13. November 1869, gestorben 22. November 1930». In: «Jahresberichte über die Fortschritte der klassischen Altertumswissenschaft», Jg. 59/1933, S. 29 f

3 «Zeugnisnoten-Protokoll des K. Maximilians-Gymnasiums in München». Schuljahr 1911/12, Klasse Ia

4 «Zeugnisnoten-Protokoll», Schuljahre 1912/13 und 1913/14, Klassen IIa und IIIa

5 «Zeugnisnoten-Protokoll», Schuljahr 1913/14, Klasse IIIa

6 *Schritte über Grenzen. Gesammelte Reden und Aufsätze.* 2. Aufl. München 1971. S. 98 f

7 Interview Nr. 1, S. 4 mit den Sources for History of Quantum Physics (Thomas S. Kuhn). Im folgenden zitiert als «Interview» mit der betreffenden Nummer und Seitenzahl der Transkription.

8 Ebd., S. 3

9 *Schritte über Grenzen*, S. 101 f

10 Ebd., S. 22 f

11 *Der Teil und das Ganze. Gespräche im Umkreis der Atomphysik.* 4. Aufl. München 1972. S. 79

12 «Jahresbericht über das Maximilians-Gymnasium in München für das Schuljahr 1919/20»

13 «Verzeichnis der Bewerber um Aufnahme in das Maximilianeum für das Jahr 1920». Akten im Maximilianeum München

14 «125 Jahre Maximiliansgymnasium München. Rückblick – Ausblick. Eine Dokumentation». München 1974. S. 112 f

15 Armin Hermann (Hg.): «Albert Einstein–Arnold Sommerfeld. Briefwechsel. Sechzig Briefe aus dem goldenen Zeitalter der modernen Physik». Basel–Stuttgart 1968. S. 98

16 Interview Nr. 1, S. 5 f

17 Ebd., S. 6

18 Hermann Weyl: «Raum–Zeit–Materie. Vorlesungen über Allgemeine Relativitätstheorie». Berlin 1918. S. 111

19 Interview Nr. 2, S. 3

20 *Der Teil und das Ganze*, S. 41

21 Interview Nr. 1, S. 8

22 Interview Nr. 2, S. 3

23 Interview Nr. 3, S. 27

24 Brief an Alfred Landé, 15. September 1922. Stiftung Preußischer Kulturbesitz

25 Wiedergegeben nach Detlev Richardt in: «Physikalische Blätter», Jg. 30/1974, S. 36

26 Veröffentlichung durch den Lehrstuhl für Geschichte der Naturwissenschaften und Technik an der Universität Stuttgart in Vorbereitung

27 *Schritte über Grenzen*, S. 57

28 Friedrich Hund: «Göttingen, Kopenhagen, Leipzig im Rückblick». In: «Werner Heisenberg und die Physik unserer Zeit». Braunschweig 1961. S. 2

29 *Schritte über Grenzen*, S. 52 f

30 Hund, a. a. O.
31 *Schritte über Grenzen*, S. 53
32 Interview mit Oskar Klein, S. 22
33 Brief an Niels Bohr, 27. November 1933. Niels Bohr Archiv Kopenhagen
34 Brief von Max Born an Arnold Sommerfeld, 13. Mai 1922. Sommerfeld-Nachlaß Deutsches Museum München
35 «Die Anfänge der Quantenmechanik in Göttingen». Unveröffentl. Manuskript
36 «Born/Einstein-Briefwechsel», S. 109
37 Bartel Leendert van der Waerden: «Sources of Quantum Mechanics». Amsterdam 1967. S. 19
38 Brief an Arnold Sommerfeld, 28. Oktober 1922
39 Brief von Max Born an Arnold Sommerfeld, 5. Januar 1923
40 Brief an Arnold Sommerfeld, 15. Januar 1923
41 Hund, a. a. O.
42 Interview Nr. 3, S. 2 f
43 Ebd.
44 Protokoll. Archiv der Ludwig-Maximilians-Universität München
45 Ebd.
46 Interview Nr. 5, S. 6
47 Brief an Wolfgang Pauli, 9. Oktober 1923
48 Zit. n. Hund, a. a. O., S. 3
49 Rudolf G. Binding: «Deutsche Jugend vor den Toten des Krieges». Dessau 1924
50 Brief von Carl Friedrich von Weizsäcker an den Autor, 24. August 1975
51 Ebd.
52 Brief an Niels Bohr, 21. April 1925
53 Brief von Max Born an Niels Bohr, 16. April 1924
54 Interview Nr. 3, S. 4
55 Dem Autor mitgeteilt von Carl Friedrich von Weizsäcker
56 Brief von Wolfgang Pauli an Ralf Kronig, 21. Mai 1925
57 Brief an Wolfgang Pauli, 24. Juni 1925
58 *Über quantentheoretische Umdeutung kinematischer und mechanischer Beziehungen.* In: «Zeitschrift für Physik», Bd. 33/1925, S. 879. Nachdruck: Max Born, Werner Heisenberg und Pascual Jordan, «Zur Begründung der Matrizenmechanik». Stuttgart 1962. S. 33
59 Bernhard Bavink: «Ergebnisse und Probleme der Naturwissenschaften». 9. Aufl. Zürich 1949. S. 88 f
60 Brief an Wolfgang Pauli, 9. Juli 1925
61 Interview Nr. 1
62 Ebd.
63 «Berzelius und Liebig. Ihre Briefe von 1831–1845 . . .» Hg. von Justus Carrière. 2. Aufl. München 1898. S. 250
64 Ebd., S. 265
65 Brief an Ralf Kronig, 5. Juni 1925. Veröffentlicht in: «Theoretical Physics in the Twentieth Century. A Memorial Volume to Wolfgang Pauli». Hg. von M. Fierz und V. F. Weisskopf. New York 1960. S. 23 f [Im folgenden zitiert als «Wolfgang Pauli Memorial Volume»]
66 Mitteilung Heisenbergs an B. L. van der Waerden; veröffentlicht in:

«Sources of Quantum Mechanics», a. a. O., S. 25

67 Dem Autor mitgeteilt von Carl Friedrich von Weizsäcker
68 Wolfgang Pauli an H. A. Kramers, 27. Juli 1925
69 Ebd.
70 «Die Anfänge der Quantenmechanik in Göttingen». Unveröffentl. Manuskript
71 Brief von Albert Einstein an Paul Ehrenfest, 20. September 1925. Einstein-Archiv Princeton N. J.
72 «Born/Einstein-Briefwechsel», S. 127
73 Brief an Wolfgang Pauli, 16. November 1925
74 Brief von Wolfgang Pauli an Ralf Kronig, 9. Oktober 1925
75 Brief von Wilhelm Hanle an den Autor, 12. Mai 1975
76 «Die Anfänge der Quantenmechanik in Göttingen». Unveröffentl. Manuskript
77 Ebd.
78 Personalakte Heisenberg, Archiv der Universität Göttingen. Az. 4 Vc/ Nr. 317
79 Brief an Max Born, 26. Mai 1926. Stiftung Preußischer Kulturbesitz Berlin
80 *50 Jahre Quantentheorie*. In: «Die Naturwissenschaften», Jg. 38/1951, S. 49–55
81 «Wolfgang Pauli Memorial Volume», S. 45
82 Brief an Niels Bohr, 14. November 1922
83 Interview mit David Irving. Institut für Zeitgeschichte München. Archiv
84 Interview Nr. 8, S. 16 f
85 Brief von Wolfgang Pauli an Werner Heisenberg, 19. Oktober 1926
86 Brief an Wolfgang Pauli, 31. Mai 1927
87 *Über den anschaulichen Inhalt der quantentheoretischen Kinematik und Mechanik*. In: «Zeitschrift für Physik», Bd. 43/1927, S. 172–198. Wiederabgedruckt in Werner Heisenberg und Niels Bohr: «Die Kopenhagener Deutung der Quantentheorie» (= Dokumente der Naturwissenschaft. Bd. 4). Stuttgart 1963. S. 9–35 (hier: S. 34)
88 Max Planck: «Wissenschaftliche Selbstbiographie». In: «Physikalische Abhandlungen und Vorträge» Bd. III. Braunschweig 1958. S. 374–401 (hier: S. 389)
89 Mitgeteilt von Erich Kuby in: «Die Welt» vom 30. April 1958
90 Brief an Pascual Jordan, 11. Mai 1928
91 Ebd.
92 Brief an Wolfgang Pauli, 1. August 1929
93 Hund, a. a. O., S. 7
94 Brief an Niels Bohr, 30. Juni 1933
95 Brief von Max von Laue an Albert Einstein, 13. Oktober 1933
96 Brief an Niels Bohr, 14. Oktober 1933
97 *Der Teil und das Ganze*, S. 206
98 Brief von Fritz Bopp an den Autor, 5. Juni 1973
99 Brief an Samuel A. Goudsmit, 5. Januar 1946
100 Philipp Lenard: «Ein großer Tag für die Naturforschung». In: «Völkischer Beobachter» vom 13. Mai 1933
101 Max von Laue: «Ansprache bei Eröffnung der Physikertagung in Würzburg am 18. September 1933». In: «Physikalische Zeitschrift», Jg. 34/1933, S. 890

102 Mitgeteilt von Robert Honsell
103 Brief von Wolfgang Pauli, 11. November 1933
104 Brief an Niels Bohr, 27. November 1933
105 Ebd.
106 Brief an Arnold Sommerfeld, 9. Oktober 1933
107 Brief an Arnold Sommerfeld, 18. Januar 1936
108 Ludwig-Maximilians-Universität. Archiv. Nachfolgeakt Sommerfeld. Signatur OC N 10a
109 Brief an Arnold Sommerfeld, 18. Januar 1936
110 Philipp Lenard: «Erinnerungen eines Naturforschers». Unveröffentl. Schreibmaschinenmanuskript. Heidelberg 1943. S. 174
111 Johannes Stark: «Philipp Lenard als deutscher Naturforscher». In: «NS-Monatshefte», Folge 71/1936, S. 106–112
112 «Völkischer Beobachter» vom 29. Januar 1936
113 «Denkschrift über die Lage der theoretischen Physik in Deutschland»
114 Persönliche Mitteilung an den Autor
115 Brief an Niels Bohr, 5. Juli 1936
116 Brief an Niels Bohr, 11. Januar 1937
117 Der Teil und das Ganze, S. 226
118 Ebd.
119 Ebd., S. 227 f
120 Ansichtskarte an Niels Bohr, 1. März 1937
121 Brief an Niels Bohr, 18. März 1937
122 Brief von Wolfgang Pauli, 10. März 1937
123 Brief an Niels Bohr, 18. März 1937
124 Nachfolgeakt Sommerfeld, a. a. O.
125 «Weiße Juden in der Wissenschaft». In: «Das Schwarze Korps» am 15. Juli 1937, S. 6
126 Alan Duane Beyerchen: «The Politics of Academic Physics in the Third Reich: A Study of Ideology and Science». Univ. of California (Santa Barbara) Phil. Diss. 1974
127 Brief an Heinrich Himmler, 21. Juli 1937
128 Brief von Friedrich Hund an Reichsminister Bernhard Rust, 20. Juli 1937
129 Brief an Arnold Sommerfeld, 12. Februar 1938
130 Brief an Arnold Sommerfeld, 14. April 1938
131 «Einstein/Sommerfeld-Briefwechsel», S. 118
132 Im Faksimile wiedergegeben in Samuel A. Goudsmit: «Alsos». New York 1947. S. 119
133 Ebd., S. 116
134 Ludwig Prandtl: «Gefährdung des Physikernachwuchses». Unveröffentlichtes Memorandum vom Mai 1941
135 Brief an Arnold Sommerfeld, 12. Februar 1938
136 Brief an Otto Hahn, 18. Februar 1939
137 Der Teil und das Ganze, S. 231
138 Ebd., S. 235
139 Tatsächlich gab es zwei Sitzungen, am 16. und am 26. September 1939. Heisenberg war nur am 26. September anwesend
140 Interview mit David Irving
141 Ebd.

142 Wolf Häfele und Karl Wirtz: «Zur Physik des Karlsruher Forschungsreaktors FR 2». In: «Werner Heisenberg und die Physik unserer Zeit». Braunschweig 1961. S. 9

143 Werner Heisenberg und Karl Wirtz: «Großversuche zur Vorbereitung der Konstruktion eines Uranbrenners». In: «Naturforschung und Medizin in Deutschland 1939–1946» (= FIAT-Review of German Science. Bd. 14). Weinheim 1953. S. 149

144 «Born/Einstein-Briefwechsel», S. 198

145 «Der Spiegel», Jg. 1967, Nr. 28, S. 83

146 Interview mit David Irving

147 Ebd.

148 Ebd.

149 «Der Spiegel», a. a. O.

150 Interview mit David Irving

151 Brief an Bartel Leendert van der Waerden, 28. April 1948

152 Ruth Moore: «Niels Bohr. Ein Mann und sein Werk verändern die Welt». München 1970. S. 278

153 Interview mit David Irving

154 Der Teil und das Ganze, S. 248

155 Interview mit David Irving

156 «Der Spiegel», a. a. O.

157 Ebd.

158 Albert Speer: «Erinnerungen». Frankfurt a. M. 1969. S. 241

159 Interview mit David Irving

160 Mündliche Mitteilung von Dr. Ernst Telschow an den Autor

161 Interview mit David Irving

162 Vgl. Goudsmit, «Alsos». New York 1947

163 «Der Spiegel», a. a. O.

164 Interview von David Irving mit Erich Bagge

165 «Der Spiegel», a. a. O., S. 82

166 Über die Arbeiten zur technischen Ausnutzung der Atomkernenergie in Deutschland. In: «Die Naturwissenschaften», Jg. 33/1946, S. 327

167 Vgl. Goudsmit, «Alsos». New York 1947

168 David Irving: «Der Traum von der deutschen Atombombe». Reinbek 1969. S. 108

169 Interview mit David Irving

170 Der Teil und das Ganze, S. 248

171 Interview mit David Irving

172 Der Teil und das Ganze, S. 307

173 Speer, a. a. O.

174 «Die Naturwissenschaften», Jg. 33/1946, S. 329

175 Der Teil und das Ganze, S. 259

176 Ebd.

177 Irving, a. a. O., S. 241

178 Heisenberg und Wirtz, «Großversuche», a. a. O., S. 162

179 Der Teil und das Ganze, S. 260

180 Goudsmit, a. a. O., S. 108

181 Brief an Fritz Schumacher, 6. Mai 1945

182 Leslie R. Groves: «Jetzt darf ich sprechen. Die Geschichte der ersten Atom-

bombe». Köln 1965. S. 245 (nach Heisenbergs Autobiographie war es der 4. Mai)

183 Goudsmit, a. a. O., S. 112
184 Erich Bagge [u. a.]: «Von der Uranspaltung bis Calder Hall» (= rowohlts deutsche enzyklopädie. Bd. 41). Hamburg 1957. S. 54
185 Groves, a. a. O., S. 250
186 Henry DeWolf Smyth: «Atomenergie und ihre Verwertung im Kriege». Basel 1947. S. 289
187 Vgl. Robert Jungk: «Heller als tausend Sonnen. Das Schicksal der Atomforscher». Stuttgart–Bern 1956. S. 349
188 Groves, a. a. O., S. 329 f
189 Bagge, a. a. O., S. 56 f (vom Verf. geringfügig redigiert)
190 Interview mit David Irving
191 Groves, a. a. O., S. 331 f
192 Bagge, a. a. O., S. 58
193 Interview mit David Irving
194 Briefe an Samuel A. Goudsmit vom 5. Januar und 3. Oktober 1948
195 Brief an Arnold Sommerfeld, 5. Februar 1946
196 Ebd.
197 Ebd.
198 Armin Hermann: «Max Planck». Reinbek 1973 (= rowohlts monographien Bd. 198). S. 122
199 Erika Bollmann [u. a.]: «Erinnerungen und Tatsachen. Die Kaiser-Wilhelm-Gesellschaft . . . 1945/1946». Stuttgart 1956. S. 42
200 Brief an Arnold Sommerfeld, 29. Juni 1946
201 Ebd.
202 Der Teil und das Ganze, S. 273
203 Brief an Arnold Sommerfeld, 5. Januar 1948
204 «Zweite Zusammenkunft des Wissenschaftlichen Beirats in der Research Branch . . .» Akten der Max Planck-Gesellschaft. Generalverwaltung Göttingen
205 Hellmut Eickemeyer: «Abschlußbericht des Deutschen Forschungsrates». München 1953 (hier: Vorwort von Werner Heisenberg)
206 Der Teil und das Ganze, S. 277
207 Kurt Zierold: «Lebenserinnerungen». Unveröffentl. Manuskript, S. 331
208 Abschlußbericht des DFR, S. 29
209 Ludwig Raiser: «Deutsche Forschungsgemeinschaft». In: «Deutsche Universitätszeitung», Jg. 6/1951, H. 15/16, S. 3
210 «Alexander von Humboldt-Stiftung». Jahresbericht 1973
211 Niederschrift über die 2. Sitzung der «Kommission für Atomphysik» am 19. November 1952. Akten der Deutschen Forschungsgemeinschaft. Kommission für Atomphysik
212 Niederschrift der 8. Sitzung am 15. Dezember 1954
213 «Frankenpost» vom 15. Februar 1955
214 Ebd.
215 «Frankfurter Allgemeine Zeitung» vom 16. Februar 1955
216 «Die Welt» vom 3. August 1955
217 «Frankfurter Allgemeine Zeitung» vom 3. August 1955
218 Konrad Adenauer: «Erinnerungen 1955–1959». Stuttgart 1967. S. 72 f

219 «Taschenbuch für Atomfragen 1960/61». Hg. von Wolfgang Cartellieri und Alexander Hocker. Bonn 1960. S. 347

220 *Der Teil und das Ganze*, S. 298 f

221 «Der Spiegel», Jg. 17/1963, Nr. 41, S. 44

222 *Der Teil und das Ganze*, S. 306 f

223 Ebd., S. 307

224 Den Wortlaut des «Göttinger Manifestes» findet man u. a. in: Ernst H. Berninger, «Otto Hahn». Reinbek 1974 .(= rowohlts monographien Bd. 204). S. 106

225 «Süddeutsche Zeitung» vom 15. April 1957

226 *Der Teil und das Ganze*, S. 308

227 «Süddeutsche Zeitung» vom 20./21. April 1957

228 Erich Kuby: «Heisenberg öffnete sein Münchener Herz». In: «Die Welt» vom 17. Juni 1958

229 *Schritte über Grenzen*, S. 142

230 In: «Die Welt» vom 17. Juni 1958

231 Persönliche Mitteilung von Dènes Zsigmondy

232 Ebd.

233 Leonhard Frank: «Links wo das Herz ist». München 1963. S. 124.

234 *Der Teil und das Ganze*, S. 294

235 Man vergleiche hier und im folgenden den Aufsatz des Verfassers über «Die Entdeckung des Fallgesetzes und Galileis wissenschaftliche Methode». In: «Rechenpfennige» (= Festschrift Kurt Vogel). München 1968. S. 151–165

236 Carl Friedrich von Weizsäcker: «Notizen über die philosophische Bedeutung der Heisenbergschen Physik». In: «Quanten und Felder. Physikalische und philosophische Betrachtungen zum 70. Geburtstag von Werner Heisenberg». Braunschweig 1971. S. 12

237 Brief von Wolfgang Pauli an Heisenberg, 11. Juli 1947

238 Weizsäcker, a. a. O., S. 15

239 Brief an Wolfgang Pauli, 3. Februar 1950

240 *Der Teil und das Ganze*, S. 184 f

241 Brief von Walther Nernst an Max von Laue, 13. Februar 1938

242 *Der Teil und das Ganze*, S. 289

243 *Schritte über Grenzen*, S. 39 f

244 Brief an Wolfgang Pauli, 3. Januar 1958

245 Brief an Wolfgang Pauli, 27. Dezember 1957

246 Brief an Wolfgang Pauli, 21. Februar 1958

247 Brief an Wolfgang Pauli, 27. Februar 1958

248 Ebd.

249 «Der Spiegel», Jg. 12/1958, Nr. 11, S. 54

250 dpa-Meldung 105 1626 25/2/58 ba

251 «Die Welt» vom 5. März 1958

252 Brief an Wolfgang Pauli, 5. März 1958

253 Mitgeteilt von George Gamow: «Thirty years that shock physics». New York 1966. S. 162

254 «Der Spiegel», Jg. 20/1966, Nr. 45, S. 167

255 Brief an Wolfgang Pauli, 13. April 1958

256 Brief von Wolfgang Pauli an Heisenberg, 7. Januar 1957

257 Brief an Wolfgang Pauli, 13. April 1958

258 «Süddeutsche Zeitung», Jg. 1958, Nr. 159
259 *Der Teil und das Ganze*, S. 325 f
260 Ebd., S. 329 f
261 *Was ist ein Elementarteilchen?* Vortrag bei der Frühjahrstagung der Deutschen Physikalischen Gesellschaft in München am 5. März 1975
262 Platon: «Timaios», 53 d 8

ZEITTAFEL

1901	5. Dezember: Werner Heisenberg in Würzburg geboren
1911	18. September: Eintritt in die Klasse Ia des Münchner Maximiliansgymnasiums
1914	2. August: Ausbruch des Ersten Weltkriegs (Erster Mobilmachungstag)
1918	7. November: Revolution in München.
	9. November: Friedrich Ebert übernimmt die Regierungsgewalt in Berlin
1919	1.–3. August: Pfadfindertag auf Schloß Prunn
1920	16. Juni: Beginn der Reifeprüfung im Maximiliansgymnasium.
	21. Oktober: Beginn des Studiums an der Ludwig-Maximilians-Universität
1922	Juni: Erstes Zusammentreffen mit Niels Bohr in Göttingen
1923	23. Juli: Promotion an der Universität München
1924	15. März: Erster (zweiwöchiger) Besuch in Kopenhagen.
	28. Juli: Habilitation an der Universität Göttingen
1924/25	Winter: Erster Studienaufenthalt in Kopenhagen
1925	29. Juli: Manuskript der Arbeit *Über quantentheoretische Umdeutung kinematischer und mechanischer Beziehungen* bei der «Zeitschrift für Physik» eingegangen
1926	28. April: Vortrag im Berliner Physikalischen Kolloquium
1927	23. März: Manuskript der Arbeit *Über den anschaulichen Inhalt der quantentheoretischen Kinematik und Mechanik* bei der «Zeitschrift für Physik» eingegangen.
	1. Oktober: Ernennung zum ordentlichen Professor für theoretische Physik an der Universität Leipzig.
	24.–29. Oktober: 5. Solvay-Kongreß in Brüssel
1930	22. November: Tod des Vaters August Heisenberg in München
1932	10. Mai: James Chadwicks «The Existence of a Neutron» bei den «Proceedings of the Royal Society of London» eingegangen
1933	30. Januar: Hitler zum Reichskanzler ernannt.
	15. März: Erste Hauptveröffentlichung von Carl D. Anderson über «The Positive Electron» in der Zeitschrift «Physical Review» erschienen.
	7. April: Gesetz zur «Wiederherstellung des Berufsbeamtentums».
	3. November: Festsitzung der Physikalischen Gesellschaft in Berlin; Verleihung der Max-Planck-Medaille an Werner Heisenberg.
	10. Dezember: Verleihung des Nobelpreises für Physik des Jahres 1932 in Stockholm «pour l'établissement de la méchanique quantique dont l'application a conduit entre autres à la découverte des formes allotropes de l'hydrogène».
1937	29. April: Eheschließung mit Elisabeth Schumacher.
	15. Juli: Scharfer Angriff des «Schwarzen Korps» gegen Heisenberg
1938	19./20. Dezember: Entdeckung der Uranspaltung durch Otto Hahn und Fritz Straßmann
1939	1. September: Ausbruch des Zweiten Weltkriegs.
	26. September: Zweite Geheimkonferenz im Heereswaffenamt mit Werner Heisenberg
1941	Ende September: Gespräch zwischen Bohr und Heisenberg in Kopenhagen

1942	26./27. Februar: Vortragsveranstaltung in Berlin zum Thema «Kernphysik als Waffe».
	4. Juni: Geheimkonferenz mit Albert Speer im Harnack-Haus über neue Waffen.
	1. Juli: Rückgabe des KWI für Physik an die KWG; Heisenberg zum Direktor am Institut ernannt.
	1. Oktober: Ernennung zum Ordinarius an der Universität Berlin.
	2. Dezember: Der amerikanische Atomreaktor in Chicago wird kritisch
1945	30. April: Selbstmord Adolf Hitlers.
	3. Mai: Gefangennahme Heisenbergs durch den amerikanischen Colonel Boris T. Pash; Beginn der Internierung.
	7. Mai: Bedingungslose Kapitulation der deutschen Streitkräfte.
	16. Juli: Erste Versuchsexplosion einer Atombombe in der Wüste von Nevada.
	6. August: Explosion einer Uran-Bombe über Hiroshima.
	8. August: Explosion einer Plutonium-Bombe über Nagasaki
1946	1. Januar: Gründung des «Deutschen Wissenschaftlichen Rates».
	3. Januar: Rückkehr der Kernphysiker nach Deutschland; Ende der Internierung
1949	9. März: Gründung des «Deutschen Forschungsrates» (DFR); Präsident: Werner Heisenberg
1951	17. Januar: Gemeinsame Sitzung von Hauptausschuß der Notgemeinschaft und Deutschen Forschungsrat mit dem Beschluß zur Fusion.
	2. August: Fusion von Notgemeinschaft und Forschungsrat zur «Deutschen Forschungsgemeinschaft» (DFG)
1952	Februar: Der Europäische Rat für Kernforschung (CERN) wird gegründet; im Oktober wird Genf zum Sitz des künftigen Großforschungszentrums gewählt.
	29. Februar: Berufung der Kommission Atomphysik durch die Deutsche Forschungsgemeinschaft. Vorsitzender: Werner Heisenberg
1953	10. Dezember: Wiedererrichtung der Alexander von Humboldt-Stiftung; Werner Heisenberg zum Präsidenten berufen
1956	26. Januar: Konstituierung der Deutschen Atom-Kommission (Beirat des Ministeriums für Atomfragen). Heisenberg wird Vorsitzender des Arbeitskreises II/3 (Kernphysik)
1957	12. April: Erklärung der «Göttinger Achtzehn».
	17. April: Gespräch zwischen Adenauer und den Atomphysikern im Palais Schaumburg
1958	25. Januar: Umzug der Familie von Göttingen nach München.
	24. Februar: Vortrag über die Einheitliche Feldtheorie im Physikalischen Kolloquium der Universität Göttingen.
	25. April: Festvortrag zum 100. Geburtstag Max Plancks in Berlin.
	14. Juni: Festvortrag zur Achthundert-Jahr-Feier der Stadt München.
	15. Dezember: Tod von Wolfgang Pauli in Zürich
1960	5. Februar: Einweihung des 25 GeV-Protonensynchrotrons der Europäischen Organisation für Kernforschung (CERN) in Genf-Meyrin durch Niels Bohr.
	9. Mai: Einweihung des Max-Planck-Instituts für Physik und Astrophysik in München

1964   26. Februar: Beim Deutschen Elektronen-Synchrotron in Hamburg
        (DESY) werden nach sechsjähriger Bauzeit zum erstenmal Elektronen
        mit einer Energie von 6 GeV erzeugt.
1970   17. Dezember: Emeritierung als Geschäftsführender Direktor des MPI
        für Physik und Astrophysik
1976   1. Februar: Werner Heisenberg in seinem Haus in München gestorben

ZEUGNISSE

WOLF HÄFELE und KARL WIRTZ

Schon im Anfang des Jahres 1940 entwarf Heisenberg in zwei Arbeiten die Theorie des Kernreaktors, die schon die meisten der auch heute noch geltenden Erkenntnisse enthielt... Man muß sich vergegenwärtigen, welche große Bedeutung diese beiden Arbeiten für alle weiteren Untersuchungen und Fortschritte auf dem Reaktorgebiet im deutschen Bereich hatten... Sie bildeten, wie wir heute überschauen können, die Basis für die etwa ab 1952 wieder einsetzenden Arbeiten in der Bundesrepublik, die unter anderem in dem von Heisenberg geleiteten Max-Planck-Institut für Physik in Göttingen ihren Anfang nahmen und wiederum von ihm theoretisch und praktisch entscheidende Förderung erhielten. So können wir heute von dem im März 1961 kritisch gewordenen Karlsruher Reaktor FR 2... eine direkte Linie bis zu jenen Arbeiten Heisenbergs im Jahre 1940 als ersten Ursprung zurückverfolgen.

In: «Werner Heisenberg und die Physik unserer Zeit».
Braunschweig 1961

«DIE WELT»

Einige Versuche, eine Heisenberg-Biographie zu schreiben, sind an der seelischen Diskretion dieses Mannes gescheitert. Wie enorm auch die Publizität gewesen ist, die aus Anlaß der Veröffentlichung der «Welt-Formel» um Heisenberg entstanden ist, er selber war das windstille Zentrum in einem Wirbelsturm. Es fällt ihm schwer, sich daran zu gewöhnen, daß die zwangsläufige Berührung der Atomphysik mit der Politik die Atomphysiker dazu verurteilt, eine öffentliche Rolle zu spielen und öffentliche Verantwortung zu tragen, wie verantwortungsbewußt gerade er sich auch in den letzten Jahren gezeigt hat. Unter den Atomphysikern ist er, auch international gesehen, einer der bedeutendsten, in unserem Land aber der bedeutendste, nicht zuletzt deshalb, weil seine schöpferische Produktivität ungebrochen ist.

24. Mai 1958

HANS-PETER DÜRR

Heisenberg verfügt in ausgesprochenem Maße über die Fähigkeit, Fragen offenzulassen, sie ohne Ungeduld zunächst nur grob und unscharf in den Vorstellungsrahmen einzuordnen. Neuartige Gedanken, deren Behandlung noch nicht unmittelbar zugänglich erscheinen, läßt er gern in der Schwebe, um sie abzuschirmen gegen Vorurteile, die unserem mangelhaften Verständnis allzuleicht entspringen, um sie zu schützen vor der vorschnellen Kritik, die oft Ausdruck unserer beschränkten Phantasie und unseres Unvermögens ist, das Ungewöhnliche zu denken. Die Gedanken sollen erst reifen, bevor man mit harter Kritik ans Jäten geht. Er hat uns gezeigt, wie man in scheinbar aussichtsloser Situation auf diese Weise doch noch Lösungen finden kann.

Aus der Rede bei der Amtsübergabe am 17. Dezember 1970

DÈNES ZSIGMONDY

Es beeindruckt mich immer wieder bei der apollinischen Persönlichkeit von Heisenberg, daß er beim Begriff Schönheit auch die Kunst des Offenlassens zuläßt, einem sanften Fragezeichen gleich, was zugleich einer vagen Gewißheit nahekommt. Es hat etwas mit der Welt der Ahnung zu tun. Ich bin überzeugt, daß die Ahnung eine Kraftquelle ist, die nicht nur einen Schubert, Beethoven oder Bartók so oft zur Realisierung ihrer herrlichsten Werke führte, sondern auch bei den großen Naturwissenschaftlern eine wesentliche Rolle spielen kann. Bei Heisenberg ganz gewiß.

Ein schöner Sommernachmittag in unserem Hause am Ammersee mit Musik und Spaziergang ohne Zeitdruck machen ihn besonders gelöst und unternehmungslustig. Gemeinsam ist uns die Freude am «gerade entstehen lassen» und hörbar machen, was hinter den Notentexten sich verbirgt.

Für diese Monographie geschrieben.
Seattle, Washington, August 1973

CARL FRIEDRICH VON WEIZSÄCKER

Heisenberg ist ungläubig gegen politische Doktrinen als solche: «Nicht die Ziele, sondern die Mittel entscheiden über den Wert einer Politik.» Er war politisch nie ein Revolutionär, achtet bestehende Autoritäten lieber als er sie bekämpft, weil er überzeugt ist, daß der Wiederaufbau nach einer Zerstörung schwerer sei als eine Reform, und wohl auch, weil er an sich am liebsten ohne Politik in Frieden den «wirklichen Werten des Daseins» gelebt hätte. In späteren Jahren, zumal in Reaktion auf die linke Studentenbewegung seit 1967, unter der er seelisch sehr tief litt («muß denn aller Unsinn der Nazis noch einmal probiert werden?») wurde seine politische Grundhaltung konservativer als in der Jugend. Aber der Kern seiner politischen Kritik blieb immer die Unwahrheit der Gefühle, zu denen sich die Menschen überredeten, und die Rechtfertigung der Mittel durch den Zweck, die in Wirklichkeit nur die Unehrlichkeit der verkündeten Ziele enthülle. Eine Haltung, zu der er völlig unfähig ist, und die er eigentlich nur mit verständnislosem Staunen bei anderen wahrnehmen kann, ist Zynismus.

Aus einem Brief an den Verfasser. Starnberg, August 1975

An Werner Heisenberg beeindruckt mich immer wieder die unbestechliche Klarheit, mit der er nicht nur Zusammenhänge in der Physik, sondern auch in der jüngeren Geschichte, in der Wirtschaft und in der großen und kleinen Politik – einschließlich aller dort wirksamen menschlichen und allzumenschlichen Motivationen und Verstrickungen – durchschaut und zu deuten weiß. Dabei hat er es stets abgelehnt, diese Fähigkeit zum eigenen Nutzen einzusetzen. Im eigenen Bereich, im eigenen Institut galten nur sachliche, keine «politischen» Argumente. Hier sollte sich das Gute, Richtige und Originelle ohne fremde Hilfe – auch ohne seine Hilfe – durchsetzen. Nach außen ist er aber zur Unterstützung auch politischer Aktionen bereit, wenn er den Anlaß als wichtig genug anerkennt. Er sieht sich dabei nur als Feuerwehr, wie er mir einmal sagte, und zieht sich zurück, wenn der jeweilige Brand unter Kontrolle gebracht zu sein scheint. Demselben Gefühl der Verantwortung für das Wohl der Allgemeinheit ist wohl auch zu danken, daß er, der Theoretiker, sich immer wieder der Mühe unterzog, bei der Gründung experimenteller Institute auf für Deutschland neuartigen Arbeitsgebieten Pate zu stehen. Außenstehenden kann Heisenberg schüchtern oder distanziert erscheinen. Wer ihn näher kennenlernen darf, wer ihn als heiteren Gastgeber in seinem Haus erlebt, seine Reden bei frohen Anlässen – etwa bei der Achthundertjahrfeier der Stadt München – hört oder liest, der erkennt jedoch, daß dieser Schein trügt, daß Schüchternheit und Zurückhaltung zu einem Schutzschild gehören, den der früh Berühmte, von vielen Seiten in Anspruch Genommene benötigt, um sich seinen Freiheitsraum, die Möglichkeit zur Konzentration zu erhalten.

Für diese Monographie geschrieben. Starnberg, September 1975

BIBLIOGRAPHIE

Ein Verzeichnis der wissenschaftlichen Hauptaufsätze Heisenbergs findet der interessierte Leser in Poggendorffs «Biographisch-Literarischem Handwörterbuch», Vol. VI, S. 1069 f.; VII, Tl. 2, S. 427 f.

1. Monographien

Die physikalischen Prinzipien der Quantentheorie. Leipzig 1930. Neuaufl. Mannheim 1958 (= BI Hochschultaschenbuch. Bd. 1)
Wandlungen in den Grundlagen der Naturwissenschaft. Zehn Vorträge. Leipzig 1935. 10. Aufl. Stuttgart 1973
Die Physik der Atomkerne. Braunschweig 1943. 3. Aufl. 1949 (= Die Wissenschaft. Bd. 100)
Kosmische Strahlung. Vorträge. Berlin 1943. 2. Aufl. Berlin etc. 1953
Das Naturbild der heutigen Physik. Hamburg 1955 (= rowohlts deutsche enzyklopädie. Bd. 8)
Physik und Philosophie. Frankfurt a. M. 1959 (= Ullstein-Buch Nr. 249)
Einführung in die Theorie der Elementarteilchen. Vorlesungsnachschrift von H. Rechenberg u. K. Lagally. München 1962
Einführung in die einheitliche Feldtheorie der Elementarteilchen. Stuttgart 1967
Das Naturgesetz und die Struktur der Materie (Dt. u. engl.). Stuttgart 1967 (= Belser-Presse)
Der Teil und das Ganze. Gespräche im Umkreis der Atomphysik. München 1969
Die Bedeutung des Schönen in der exakten Naturwissenschaft (Dt. u. engl.). Stuttgart 1971 (= Belser-Presse)
Schritte über Grenzen. Ges. Reden und Aufsätze. München 1971

2. Schallplatten

Die Abstraktion in der modernen Naturwissenschaft. Frankfurt a. M. 1962 (Akad. Verlagsges.)
Der Teil und das Ganze. München 1969 (Piper)

3. Sekundärliteratur

BAGGE, ERICH [u. a.]: Von der Uranspaltung bis Calder Hall. Hamburg 1957 (= rowohlts deutsche enzyklopädie. Bd. 41)
BAGGE, ERICH: Werner Heisenberg zum 60. Geburtstag am 5. Dezember 1971. In: Atomenergie 6, 461–462 (1961)
BENZ, ULRICH: Arnold Sommerfeld. Forscher und Lehrer an der Schwelle des Atomzeitalters 1868–1951. Stuttgart 1975 (= Große Naturforscher, Bd. 38)
BEYERCHEN, ALAN DUANE: The Politics of Academic Physics in the Third Reich: A Study of Ideology and Science. Univ. of California (Santa Barbara) Phil. Diss. 1974
BIRNBAUM, WALTER: Atomphysik und Gesamtwissenschaft. Werner Heisenberg zum 70. Geburtstag. In: Stimmen der Zeit 189, H. 1, 43–57 (1972)

Bopp, Fritz (Hg.): Werner Heisenberg und die Physik unserer Zeit. Braunschweig 1961

Bothe, Walther, und Siegfried Flügge: Kernphysik und Kosmische Strahlung. Teil I: Wiesbaden 1948. Teil II: Weinheim 1953 (= Naturforschung und Medizin in Deutschland 1939–1946. Für Deutschland bestimmte Ausgabe der FIAT Reviews . . . Bd. 13 u. 14)

Cuny, Hilaire: Werner Heisenberg. Paris 1966 (= Collection Savants du Monde entier)

Dürr, Hans-Peter (Hg.): Quanten und Felder. Physikalische und philosophische Betrachtungen zum 70. Geburtstag von Werner Heisenberg. Braunschweig 1971

Eickemeyer, Hellmut (Hg.): Abschlußbericht des Deutschen Forschungsrates (DFR). München 1953

Fierz, Markus, und Victor F. Weisskopf: Theoretical Physics in the Twentieth Century. A Memorial Volume to Wolfgang Pauli. New York 1960

Fues, Erwin: Die Erstgeburt der Quantenmechanik. Werner Heisenberg zum 60. Geburtstag. In: Phys. Blätter 17, 560–569 (1961)

Gamow, George: Thirty Years That Shock Physics. The Story of Quantum Theory. New York 1966

Goudsmit, Samuel A.: Alsos. New York 1947

Groves, Leslie R.: Jetzt darf ich sprechen. Die Geschichte der ersten Atombombe. Köln 1965

Hartmann, Hans: Heisenbergs «Weltformel» und das Weltbild der Gegenwart. In: Universitas 18, 875–884 (1963)

Heelan, Patrick A.: Quantum Mechanics and Objectivity. A Study of the Physical Philosophy of Werner Heisenberg. Den Haag 1965

Hermann, Armin: 50 Jahre Forschungsförderung der DFG. In: Physik in unserer Zeit 2, 17–23 (1971)

Max Planck. Reinbek 1973 (= rowohlts monographien Bd. 198)

Herneck, Friedrich: Bahnbrecher des Atomzeitalters. Große Naturforscher von Maxwell bis Heisenberg. 4. Aufl. Berlin 1969

Hirsch, Eike Christian: Das Ende aller Gottesbeweise? Naturwissenschaftler antworten auf die religiöse Frage. Hamburg 1975 (= Stundenbücher. Bd. 121)

Hörz, Herbert: Die Entwicklung der Auffassungen von Werner Heisenberg zur objektiven Realität. In: Zeitschr. f. Gesch. d. Naturwiss., Techn. u. Med. Beiheft 1963, S. 302–309

Werner Heisenberg und die Philosophie. Berlin 1966

Hund, Friedrich: Geschichte der Quantentheorie. Mannheim 1967 (= BI-Hochschultaschenbücher. Nr. 200/200a)

Irving, David: Der Traum von der deutschen Atombombe. Reinbek 1969

Jammer, Max: The Conceptual Development of Quantum Mechanics. New York 1966

Jordan, Pascual: Werner Heisenberg 70 Jahre. In: Phys. Blätter 27, 559–562 (1971)

Jungk, Robert: Heller als tausend Sonnen. Das Schicksal der Atomforscher. Stuttgart 1956

Kuby, Erich: Leipzig: Alle wollen Heisenberg hören. In: Die Welt, 30. April 1958

Heisenberg öffnete sein Münchener Herz. In: Die Welt, 17. Juni 1958

Mein Krieg. Aufzeichnungen aus 2129 Tagen. München 1975

Laue, Max von: Die Kriegstätigkeit der deutschen Physiker. In: Phys. Blätter 3, 424–425 (1947)

Leithäuser, Joachim G.: Werner Heisenberg. Berlin 1957 (= Köpfe des XX. Jahrhunderts. Bd. 2)

Mitter, Heinrich: Zum 60. Geburtstag von Werner Heisenberg. In: Die Umschau 61, 731 (1961)

Moore, Ruth: Niels Bohr. Ein Mann und sein Werk verändern die Welt. München 1970

Morrison, Philip: Alsos: The Story of German Science. In: Bulletin of the Atomic Scientists 3, 354 u. 365 (1947)

Müller-Markus, Siegfried: Werner Heisenberg als Philosoph. In: Neue Zürcher Zeitung, 5. Dezember 1971, Nr. 567, S. 51 f.

Noll, Balduin: Kritische Durchleuchtung der verschiedenen Bedeutungen von Heisenbergs Energiebegriff. In: Zeitschr. f. philos. Forschung 17, 655–671 (1963)

Pleijel, H. B. M.: Nobelpreise der Physik für die Jahre 1932 und 1933. In: Les Prix Nobel en 1933. Stockholm 1935. S. 43–48

Rabinowich, Eugene: The Virus House. The German Atomic Bomb Project. In: Bulletin of the Atomic Scientists 24, H. 6, 32–34 (1968)

Richter, Steffen: Forschungsförderung in Deutschland 1920–1936. Düsseldorf 1972 (= Technikgeschichte in Einzeldarstellungen. Nr. 23)

Speer, Albert: Erinnerungen. Frankfurt a. M. 1969

Stolzenburg, Klaus: Die Entwicklung des Bohrschen Komplementaritätsgedankens in den Jahren 1924 bis 1929. Stuttgart Phil. Diss. 1975

Waerden, Bartel Leendert van der: Sources of Quantum Mechanics. Amsterdam 1967

Werner Heisenberg als Physiker. In: Neue Zürcher Zeitung, 5. Dezember 1971, Nr. 567, S. 52

Weizsäcker, Carl Friedrich von: Werner Heisenberg zum 50. Geburtstag. In: Z. Naturf. 7a, 1 (1952)

Auszug aus … Bemerkungen zu S. A. Goudsmits Buch «Alsos». In: Helle Zeit – dunkle Zeit. In memoriam Albert Einstein. Zürich 1956

Zierold, Kurt: Forschungsförderung in drei Epochen. Wiesbaden 1968

NACHWORT

Der kritische Leser sei aufmerksam gemacht, daß die im Druck kursiv hervorgehobenen Heisenberg-Zitate aus verschiedenen Quellen stammen. Bei der Darstellung eines historischen Sachverhaltes (etwa der Begründung der «Kopenhagener Deutung der Quantentheorie») kann es geben:

1. Zeitgenössische Veröffentlichungen und Briefe,
2. Spätere Veröffentlichungen und Briefe, in denen über den Sachverhalt und die historische Genese berichtet wird,
3. Spätere, mündlich gegebene Berichte Heisenbergs (Interviews) in Englisch (übersetzt vom Verfasser) oder in Deutsch (dann zumeist unredigiert),
4. Von Heisenberg autorisierte Sitzungsprotokolle, in denen mündlich gegebene Referate vom Protokollanten (oft in indirekter Rede) kurz zusammengefaßt sind,
5. Schriftliche oder mündliche Äußerungen von Zeitgenossen, in denen aus der frischen oder verblaßten Erinnerung Zitate Heisenbergs wiedergegeben werden.

Für einen Abschnitt im Leben, die Zeit der Internierung nach dem Zweiten Weltkrieg, gibt es sogar noch eine weitere Quelle, nämlich die vom britischen Geheimdienst abgehörten Gespräche Heisenbergs mit seinen Kollegen. Hier handelt es sich aber lediglich um Bruchstücke, die zudem nur in einer aus dem Englischen rückübersetzten Fassung vorliegen.

Daß mir all dieses Quellenmaterial in so reichlichem Maße zur Verfügung stand, verdanke ich einer ganzen Reihe von Institutionen: Sources for History of Quantum Physics, Niels Bohr Institut der Universität Kopenhagen, Wolfgang-Pauli-Archiv Zollikon bei Zürich, Bibliothek des Deutschen Museums München, Staatsbibliothek der Stiftung Preußischer Kulturbesitz Berlin, Max-Planck-Gesellschaft Generalverwaltung München und Göttingen, Max-Planck-Institut für Physik und Astrophysik München, Bibliothek für Zeitgeschichte München, Maximiliansgymnasium München, Maximilianeum München, Archiv der Universitäten München und Göttingen, Archiv der Sächsischen Akademie der Wissenschaften Leipzig, Deutsche Forschungsgemeinschaft Bonn-Bad Godesberg, Deutsches Elektronen-Synchrotron Hamburg (DESY) Organisation Européenne pour la Recherche Nucléaire Genf (CERN), Archiv der Deutschen Physikalischen Gesellschaft (Regionalverband Berlin), Archiv der Deutschen Jugendbewegung Burg Ludwigstein, Alexander von Humboldt-Stiftung Bonn, Textarchiv «Die Welt» in Berlin und Bonn, Archiv der «Süddeutschen Zeitung» München, Archiv der Deutschen Presse-Agentur, Stadtarchiv München, American Institute of Physics (Center for History of Physics) New York.

Für persönliche Hilfe danke ich Frl. Annemarie Giese, der Sekretärin Heisenbergs, und weiterhin Prof. Dr. Fritz Bopp (München), Prof. Dr. Hans-Peter Dürr (München), Hellmut Eickemeyer (Seeshaupt), Prof. Dr. P. P. Ewald (Ithaca), Prof. Dr. Klaus Gottstein (München), Dr. Dieter Hahn (Berlin), Prof. Dr. Wilhelm Hanle (Gießen), Frau S. Hellmann (Kopenhagen), Dr. Alexander Hocker (Bonn), Robert Honsell (Brannenburg),

David Irving (London), Frau Erzsebet Mátyás (München), Prof. Dr. Christian Møller (Kopenhagen), Frau Franca Pauli (Zollikon), Frau Tussa Pohl (Göttingen), Dr. Hellmut Rechenberg (Genf), Frau Marie-Luise Rehder (Göttingen), Dr. Karl Riedel (München), Dr. Dietrich Schmidt-Ott (Berlin), Frau Betty Schultz (Kopenhagen), Albert Speer (Heidelberg), Dr. Klaus Stolzenburg (Stuttgart), Dr. Ernst Telschow (Göttingen), Frau Waltraut Wien (München), Hans Wolf (Ludwigstein), Dr. Kurt Zierold (Bonn), Prof. Dènes Zsigmondy (Seattle), Dr. Gerhard Zweckbronner (Stuttgart).

Für die kritische Durchsicht des Manuskripts bin ich zu großem Dank verpflichtet Prof. Dr. Carl Friedrich Freiherr von Weizsäcker, Prof. Dr. Friedrich Hund, Dr. Michael Hirsch, Dr. Ernst Telschow, Herrn Robert Honsell und nicht zuletzt Prof. Werner Heisenberg selbst. Insbesondere Prof. v. Weizsäcker hat sehr wertvolle Korrekturhinweise und Ergänzungen biographischer, wissenschaftshistorischer und wissenschaftstheoretischer Art geliefert.

Schließlich dankt der Verfasser auch noch herzlich seiner Sekretärin Frau Marianne Willi für die große Mühe mit der Erstellung des Manuskripts.

Stuttgart, im September 1975   ARMIN HERMANN

NAMENREGISTER

ÜBER DEN AUTOR

Professor Dr. ARMIN HERMANN, geboren am 17. Juni 1933 in Vernon, B.C./Canada, ist Inhaber des Lehrstuhls für Geschichte der Naturwissenschaften und Technik an der Universität Stuttgart.

Nach der Promotion in theoretischer Physik und mehrjähriger Tätigkeit als Physiker beim Deutschen Elektronen-Synchroton habilitierte er sich für die Geschichte der Naturwissenschaften; er hat sich seither als Historiker und als Buch- und Rundfunkautor einen Namen geschaffen. Zu seinen Werken zählen unter anderem «Deutsche Nobelpreisträger» (auch englisch, französisch und spanisch), «Frühgeschichte der Quantentheorie» (auch englisch) «Briefwechsel Einstein/Sommerfeld» (auch englisch und japanisch) und «Max Planck» (rowohlts monographien Bd. 198).

QUELLENNACHWEIS DER ABBILDUNGEN

rowohlts
mono

IN SELBSTZEUGNISSEN
UND BILDDOKUMENTEN
HERAUSGEGEBEN
VON KURT KUSENBERG

graphien

E/IV–'76

NOVALIS / Gerhard Schulz [154]

POE / Walter Lennig [32]

PROUST / Claude Mauriac [15]

RAABE / Hans Oppermann [165]

RILKE / Hans Egon Holthusen [22]

ERNST ROWOHLT / Paul Mayer [139]

SAINT-EXUPÉRY / Luc Estang [4]

SARTRE / Walter Biemel [87]

SCHILLER / Friedrich Burschell [14]

F. SCHLEGEL / Ernst Behler [123]

SCHNITZLER / Hartmut Scheible [235]

SHAKESPEARE / Jean Paris [2]

G. B. SHAW / Hermann Stresau [59]

SOLSCHENIZYN / R. Neumann-Hoditz [210]

STIFTER / Urban Roedl [86]

STORM / Hartmut Vinçon [186]

DYLAN THOMAS / Bill Read [143]

LEV TOLSTOJ / Janko Lavrin [57]

TRAKL / Otto Basil [106]

TUCHOLSKY / Klaus-Peter Schulz [31]

MARK TWAIN / Thomas Ayck [211]

WALTHER VON DER VOGELWEIDE / Hans-Uwe Rump [209]

WEDEKIND / Günter Seehaus [213]

OSCAR WILDE / Peter Funke [148]

PHILOSOPHIE

ENGELS / Helmut Hirsch [142]

ERASMUS VON ROTTERDAM / Anton J. Gail [214]

GANDHI / Heimo Rau [172]

HEGEL / Franz Wiedmann [110]

HEIDEGGER / Walter Biemel [200]

HERDER / Friedr. W. Kantzenbach [164]

HORKHEIMER / Helmut Gumnior u. Rudolf Ringguth [208]

JASPERS / Hans Saner [169]

KANT / Uwe Schultz [101]

KIERKEGAARD / Peter P. Rohde [28]

GEORG LUKÁCS / Fritz J. Raddatz [193]

MARX / Werner Blumenberg [76]

NIETZSCHE / Ivo Frenzel [115]

PASCAL / Albert Béguin [26]

PLATON / Gottfried Martin [150]

ROUSSEAU / Georg Holmsten [191]

SCHLEIERMACHER / Friedrich Wilhelm Kantzenbach [126]

SCHOPENHAUER / Walter Abendroth [133]

SOKRATES / Gottfried Martin [128]

SPINOZA / Theun de Vries [171]

RUDOLF STEINER / J. Hemleben [79]

VOLTAIRE / Georg Holmsten [173]

SIMONE WEIL / A. Krogmann [166]

RELIGION

SRI AUROBINDO / Otto Wolff [121]

KARL BARTH / Karl Kupisch [174]

JAKOB BÖHME / Gerhard Wehr [179]

BONHOEFFER / Eberhard Bethge [236]

MARTIN BUBER / Gerhard Wehr [147]

BUDDHA / Maurice Percheron [12]

EVANGELIST JOHANNES / Johannes Hemleben [194]

FRANZ VON ASSISI / Ivan Gobry [16]

JESUS / David Flusser [140]

LUTHER / Hanns Lilje [98]

MÜNTZER / Gerhard Wehr [188]

PAULUS / Claude Tresmontant [23]

TEILHARD DE CHARDIN / Johannes Hemleben [116]

GESCHICHTE

ADENAUER / Gösta von Uexküll [234]

ALEXANDER DER GROSSE / Gerhard Wirth [203]

BAKUNIN / Justus Franz Wittkop [218]

BEBEL / Helmut Hirsch [196]

BISMARCK / Wilhelm Mommsen [122]

WILLY BRANDT / Carola Stern [232]

CAESAR / Hans Oppermann [135]

CHURCHILL / Sebastian Haffner [129]

FRIEDRICH II. / Georg Holmsten [159]

FRIEDRICH II. VON HOHENSTAUFEN / Herbert Nette [222]

CHE GUEVARA / Elmar May [207]

GUTENBERG / Helmut Presser [134]

HO TSCHI MINH / Reinhold Neumann-Hoditz [182]

W. VON HUMBOLDT / Peter Berglar [161]

KARL DER GROSSE / Wolfgang Braunfels [187]

LASSALLE / Gösta v. Uexküll [212]

Die farbigen **LIFE** Bildsachbücher

Der Flug

Das farbige LIFE Bildsachbuch

Brillante Bilder — leicht verständlicher Text — fesselnde Darstellung
Diese neuartigen Taschenbücher erklären anschaulich Geschichte, Anwendungsbereiche und modernste Ergebnisse aus Wissenschaft und Technik. Jeder Band mit über 150 Bildern, davon 100 farbig, mit Register und Literaturhinweisen.

Mathematik [1]
Einführung: Prof. Dr. Ernst Witt, Direktor des Mathematischen Seminars der Universität Hamburg

Energie [2]
Einführung: Prof. Dr.-Ing. Eduard Pestel, Technische Hochschule Hannover

Schiffe [3]
Einführung: Prof. Dr.-Ing. Dr.-Ing. e. h. Georg Weinblum, Institut für Schiffbau der Universität Hamburg

Der Körper [4]
Einführung: Prof. Dr. Hans Reichel, Direktor des Physiologischen Instituts der Universität Hamburg

Die Materie [5]
Einführung: Prof. Dr. Pascual Jordan, Direktor des Instituts für Theoretische Physik der Universität Hamburg

Licht und Sehen [6]
Einführung: Prof. Dr. Adolf Bleichert, Physiologisches Institut der Universität Hamburg

Die lebende Zelle [7]
Einführung: Prof. René Dubos, The Rockefeller Institute, New York

Die Maschinen [8]
Einleitung Henry Ford II

Mikroben, Gene, Vitamine [9]
Einleitung: Prof. Dr. Dr. Hans Harmsen, Direktor des Hygienischen Instituts der Freien und Hansestadt Hamburg

Das Wetter [10]
Einleitung: Prof. Dr. Rudolf Schulze, Deutscher Wetterdienst, Meteorologisches Observatorium Hamburg, Präsident der Deutschen Gesellschaft für Lichtforschung

Die Planeten [11]
Einführung: Prof. Dr. Hans Haffner, Vorstand des Astronomischen Instituts und der Sternwarte der Universität Würzburg

Der Flug [12]
Einführung: Prof. Dr.-Ing. Heinrich Hertel, Technische Universität Berlin

Wachstum [13]
Einführung: Prof. Dr. Dr. h. c. Widukind Lenz, Direktor des Instituts für Humangenetik der Universität Münster

Wasser [14]
Einführung: Prof. Dr. Hans Joachim Martini †, Präsident der Bundesanstalt für Bodenforschung und des Niedersächsischen Landesamtes für Bodenforschung, Präsident der Association Internationale des Hydrogéologues

Schall und Gehör [15]
Einführung: Prof. Dr. Dipl.-Ing. Gerold Ungeheuer, Institut für Phonetik und Kommunikationsforschung der Universität Bonn

Die Zeit [16]
Einführung: Prof. Dr. Heinz Raether, Direktor des Instituts für angewandte Physik der Universität Hamburg

Mensch und Weltraum [17]
Einführung: Prof. a. D. Dr. h. c. Dr.-Ing. e. h. Hermann Oberth

Grundstoffe, Kunststoffe, Hochpolymere [18]
Einführung: Dr. Giulio Natta, Professor für technische Chemie, Polytechnisches Institut Mailand. Nobelpreisträger für Chemie 1963

Medikamente und Drogen [19]
Einführung: Prof. Dr. Günther Malorny, Direktor des pharmakologischen Instituts der Universität Hamburg

Autos und Eisenbahnen [20]
Einführung: Senator Helmuth Kern, Präses der Behörde für Wirtschaft und Verkehr der Freien und Hansestadt Hamburg